助力乡村振兴
出版计划

【现代种植业实用技术系列】

大豆
优质高效栽培技术

主　　编　周　斌
副 主 编　黄志平　叶卫军
编写人员　周　斌　黄志平　叶卫军　王大刚
　　　　　吴泽江　田东丰

时代出版传媒股份有限公司
安徽科学技术出版社

图书在版编目(CIP)数据

大豆优质高效栽培技术 / 周斌主编. --合肥:安徽科学技术出版社,2024.1

助力乡村振兴出版计划. 现代种植业实用技术系列

ISBN 978-7-5337-8860-5

Ⅰ.①大… Ⅱ.①周… Ⅲ.①大豆-高产栽培-栽培技术 Ⅳ.①S565.1

中国国家版本馆 CIP 数据核字(2023)第 225018 号

大豆优质高效栽培技术　　　　　　　　　　　　　　　　主编 周　斌

出版人:王筱文　选题策划:丁凌云　蒋贤骏　王筱文　责任编辑:张楚武

责任校对:程　苗　责任印制:梁东兵　　　　　　　　装帧设计:王　艳

出版发行:安徽科学技术出版社　　　　http://www.ahstp.net

　　　　(合肥市政务文化新区翡翠路 1118 号出版传媒广场,邮编:230071)

　　　　电话:(0551)63533330

印　　制:安徽联众印刷有限公司　　　电话:(0551)65661327

(如发现印装质量问题,影响阅读,请与印刷厂商联系调换)

开本:720×1010　1/16　　　印张:6　　　字数:80 千

版次:2024 年 1 月第 1 版　　　印次:2024 年 1 月第 1 次印刷

ISBN 978-7-5337-8860-5　　　　　　　　　　　定价:30.00 元

出版说明

　　"助力乡村振兴出版计划"（以下简称"本计划"）以习近平新时代中国特色社会主义思想为指导，是在全国脱贫攻坚目标任务完成并向全面推进乡村振兴转进的重要历史时刻，由中共安徽省委宣传部主持实施的一项重点出版项目。

　　本计划以服务乡村振兴事业为出版定位，围绕乡村产业振兴、人才振兴、文化振兴、生态振兴和组织振兴展开，由《现代种植业实用技术》《现代养殖业实用技术》《新型农民职业技能提升》《现代农业科技与管理》《现代乡村社会治理》五个子系列组成，主要内容涵盖特色养殖业和疾病防控技术、特色种植业及病虫害绿色防控技术、集体经济发展、休闲农业和乡村旅游融合发展、新型农业经营主体培育、农村环境生态化治理、农村基层党建等。选题组织力求满足乡村振兴实务需求，编写内容努力做到通俗易懂。

　　本计划的呈现形式是以图书为主的融媒体出版物。图书的主要读者对象是新型农民、县乡村基层干部、"三农"工作者。为扩大传播面、提高传播效率，与图书出版同步，配套制作了部分精品音视频，在每册图书封底放置二维码，供扫码使用，以适应广大农民朋友的移动阅读需求。

　　本计划的编写和出版，代表了当前农业科研成果转化和普及的新进展，凝聚了乡村社会治理研究者和实务者的集体智慧，在此谨向有关单位和个人致以衷心的感谢！

　　虽然我们始终秉持高水平策划、高质量编写的精品出版理念，但因水平所限仍会有诸多不足和错漏之处，敬请广大读者提出宝贵意见和建议，以便修订再版时改正。

本册编写说明

大豆蛋白是我国人民所需蛋白质的主要来源之一，豆油是世界上常用的食用油之一，豆粕是牲畜和家禽饲料的主要原料。大豆是粮食、油料、蔬菜和饲料兼用作物，在农业耕作制度中占有重要的地位。大豆不仅影响着我国的粮食安全，更影响着我国饲料粮安全和国人的"肉盘子"。

安徽地处暖温带和亚热带交会，是天然的高蛋白大豆优势产区，是我国重要的大豆主产区之一，历年种植面积和总产均居全国前列。但单产始终徘徊不前，低于全国平均水平，和高产地区有着较大差距。在开展大豆生产培训和技术指导过程中，我们了解到种植户已普遍重视大豆优良品种的应用，但缺乏科学栽培技术，生产中对密度、肥料和农药的使用不当，产量潜力难以发挥。国家大力实施大豆产能提升工程，为安徽省大豆发展带来新机遇。

本书在总结近年来国家大豆产业技术体系研究成果和生产实践的基础上，系统介绍了适宜安徽省大豆产区的免耕节本增效高产栽培技术、高蛋白大豆优质高产综合栽培技术、菜用大豆高产栽培技术、大豆玉米带状复合种植技术和病虫草害综合防治技术，以期为安徽省大豆生产提供指导和参考。

目　录

第一章　大豆的营养价值与用途

大豆原产于我国,是从野生大豆经长期的定性培育选择进化而来的。大豆古称"菽",是五谷之一,在我国已有五千年栽培历史。将其通过发酵、发芽或蒸煮等加工可制成种类繁多、美味可口的豆制品。后来,大豆由中国传至日本,并经欧洲、美国等地传向世界,目前已成为世界主要农作物之一。

一　大豆的营养价值

大豆种子含蛋白质40%左右,是最为经济且最具营养的植物蛋白原料。其蛋白质含量是水稻、小麦、玉米等粮食作物的3～6倍,而且大豆蛋白质所含氨基酸完全,属于平衡性良好的蛋白质,其中含有生物必需的八种氨基酸。生物必需氨基酸有赖氨酸、蛋氨酸、亮氨酸、异亮氨酸、苏氨酸、缬氨酸、色氨酸、苯丙氨酸,这八种氨基酸在人体内不能自身合成,必须从食物中摄取。大豆蛋白质的赖氨酸含量丰富,与动物蛋白质近似,但大豆蛋白质中含蛋氨酸较低,粮食作物的赖氨酸含量都很低,却含有较多的蛋氨酸。将大豆与粮食作物搭配食用,在营养上可起到互补作用,因而大豆在解决营养问题上具有重要的作用。大豆营养价值可与肉、蛋、鱼等食物相媲美,是能代替动物性蛋白质的植物产品,素有"植物肉"之称。

大豆是世界上主要的植物油来源,大豆种子含油率为18%左右,高油品种可在23%以上。大豆油中含有大量的不饱和脂肪酸,并含有少量的维生素A和维生素D,多食用豆油,少吃动物油,有防止因胆固醇升高而

引起心血管疾病的功效。大豆油是一种富含热能的营养素,在人体内的消化率可达97.5%,是优质食用植物油。另外,大豆油只含有脂醇而无胆固醇,因而可以防止血管硬化。大豆富含卵磷脂,卵磷脂在人体内的作用关系到神经信息传递,并有除去血管上胆固醇的功能。卵磷脂在体内被水解成胆碱,可促进脂肪代谢,防止脂肪在肝内贮藏。因此,西方国家奶油的消费量逐渐减少,增加了用大豆油或其他植物油制成的"人造奶油"的消费量。由国家食物与营养咨询委员会等召开的大豆与健康高层研究会提出,树立一个健康新概念——"大豆,21世纪的维生素"。美国食品药品监督管理局(FDA)已于2000年1月将大豆列入健康食品名单,允许在广告上宣传豆制品对人体有健康作用。

二 大豆的用途

1. 大豆直接食用

大豆通过水煮、发酵、制酱、油炸与膨化等,可直接食用,但更多的是制成豆浆,除可饮用外,更可制成各种豆制品,如豆腐、豆腐皮、豆腐干等。大豆还可以研磨成大豆粉,用于加工豆奶粉、冰激凌和替代肉类。

2. 大豆制油及深加工

用溶剂浸提法生产出的大豆油,既可做食用油,生产出色拉油、烹调油、人造奶油和起酥油等;也能广泛地应用于工业领域,如生产润滑油、油漆、肥皂和硬化油;也可经改性后,用作燃料油,以代替汽油。从大豆油中还能提取卵磷脂,除了可用作湿润剂、抗氧化剂和乳化剂,还可用在保健药物开发上,前景更广阔。

3. 大豆蛋白加工

脱脂大豆是植物蛋白的优良来源,除用作饲料和肥料外,还可以生产分离蛋白、浓缩蛋白、组织状蛋白等,作为面包、点心、糖果等的添加剂,在火腿肠等生产中代替肉类。通过进一步深加工,可生产大豆蛋白肽、氨基酸。脱脂大豆粕还可以研磨成大豆精粉,同样用于加工豆奶粉、冰激凌和替代肉类。此外,脱脂大豆也可以当作原豆利用,生产酱油、豆浆、豆腐等。

4. 大豆加工副产品利用

在大豆油和蛋白加工过程中,会有大豆皮、大豆胚、废水废渣等产生,大豆皮和废渣可制成膳食纤维,也可用作一次性餐具和食用菌养殖的原料。大豆胚可生产异黄酮。废水可用来生产维生素B_2等。

5. 作为畜禽饲料

大豆及豆饼、豆粕是优质蛋白饲料,大豆秸秆中的蛋白质含量达5.6%,高于麦秸、稻草、麸皮等粗饲料,是禽畜养殖业的主要饲料原料之一。

6. 大豆是重要的养地作物

大豆根瘤能固氮,每亩大豆可固氮8千克左右,相当于施用18千克尿素,所固定的氮素有1/3留在土壤中。大豆根瘤菌向周围分泌大量的氨基酸和有机酸,能溶解土壤中的难溶性养分,有利于下茬作物的吸收。豆粕(饼)也是很好的有机肥料。在提倡消费绿色食品的今天,发展大豆生产对增加土壤养分、减少化肥施用量、保护环境意义重大。

第二章

大豆的生产现状与趋势

大豆是人类赖以生存和发展的高营养作物。全球就种植面积和总产量来看,大豆是发展最快的农作物。大豆籽粒总产量由1949年的1 400万吨,到2022年的3.53亿吨,大豆总产量增加约25倍,远远超过世界人口的增长速度。大豆原来只是分布在东亚地区的小作物,现在在全球被广泛种植,已成为世界五大作物之一。大豆在人类食物结构中占有极重要地位。我国随着国民经济的发展和人民生活水平的提高,对大豆的需求越来越多,特别是人民健康意识的提高,直接食用豆制品和植物油的数量也急剧增加,大豆已成为21世纪优先发展的粮食作物。

一 世界大豆生产形势

大豆种植面积、产量相对较多的国家为巴西、美国、阿根廷、印度、中国、巴拉圭、俄罗斯、加拿大、乌克兰、玻利维亚、乌拉圭、印度尼西亚等,全球大豆种植面积及产量变化趋势如图2-1所示。

图2-1 全球大豆种植面积及产量变化趋势

注:1亩≈667米²。

　　美国农业部(USDA)的数据显示,2021年全球大豆种植面积为19.38亿亩,同比2020年(19.04亿亩)增长了0.34亿亩,增幅约1.79%;2021年全球大豆产量为3.66亿吨,同比2020年(3.53亿吨)增长了0.13亿吨,增幅约3.68%。2020年,全球大豆种植面积位列第一的国家为巴西,面积为5.58亿亩,占全球大豆总种植面积的29.29%;第二为美国,面积为5亿亩,占比26.24%;第三为阿根廷,面积为2.51亿亩,占比13.17%;中国以1.48亿亩位列全球第五,在全球占比约7.78%。2020—2021年,全球大豆产量达到了3.66亿吨。其中,巴西以1.38亿吨大豆产量居全球第一,占比约37.70%;其次为美国,以1.15亿吨大豆产量排名第二,占比约31.42%;第三名为阿根廷,大豆产量为0.46亿吨,占比约12.57%。2021年,全球大豆单位面积产量从2012年的152.56千克/亩波动增长至188.84千克/亩,每亩产量增长了36.28千克,增幅约为23.78%。

　　目前,大豆油消费量居世界食用植物油消费量首位,大豆蛋白是人类食用和饲用植物蛋白的一大主要来源。在食用植物油中,大豆油占30%以上。

二　我国大豆生产现状

　　中华人民共和国成立以来,我国大豆的生产能力得到了极大提高,尤其是近20年来,我国大豆年产量稳定在1 200万吨以上。我国大豆产量从1949年的509万吨增加到2019年的1 810万吨,增长了约2.6倍。其中,除1956年和1957年连续2年大豆产量超过1 000万吨外,1957—1985年大豆产量常年在1 000万吨以内。1985年后大豆产量并不稳定,2004年大豆产量出现了一个小高峰(1 740万吨),此后又反复降低,但产量最低在1 200万吨以上,2015—2019年大豆连续4年增产,2019年大豆产量达1 810万吨,创历史新高。我国大豆产量的增加主要得益于单产的不断提升,尤其是20世纪60年代至21世纪初,我国大豆单产得到了快速发展。1949年,全国大豆平均单产在40.7千克/亩,到2019年,全国大豆平

均单产达129千克/亩,增长了约2.2倍。但与此同时,我国大豆播种面积增长并不明显,在以均值1.3亿亩为中心的一定区间内浮动。20世纪60年代以前,我国大豆播种面积普遍较大,从1949年的1.25亿亩增加到1957年的1.9亿亩。此后,我国大豆播种面积稳定在1.05亿~1.5亿亩。进入21世纪,我国大豆种植面积呈现下降趋势,2013—2015年全国大豆播种面积连续降低至最低点1.02亿亩。2016年以来,全国大豆播种面积逐渐增加,到2019年,全国大豆播种面积达1.4亿亩,与中华人民共和国成立初期水平相近,但产量是其3.6倍。2021年全国大豆播种面积1.26亿亩,产量1 639.50万吨,平均单产约130.12千克/亩,其中新疆单产197.7千克/亩、山东单产195.1千克/亩、浙江186.7千克/亩,占据单产前三。2022年全国大豆播种面积1.54亿亩,产量2 028万吨,平均单产约131.69千克/亩。2000—2021年我国大豆种植面积与产量如图2-2所示。

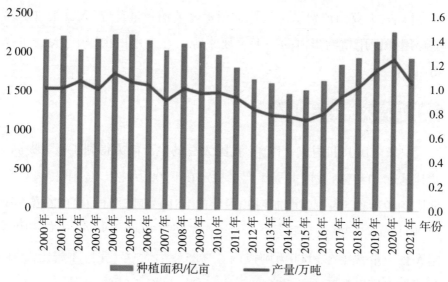

图2-2 2000—2021年我国大豆种植面积与产量

我国大豆主产区主要是北方春大豆区、黄淮流域夏大豆区、长江流域大豆区、长江以南秋大豆和南方大豆两熟区。从省域来看,全国主要有海南、新疆等30个省(区、市)大面积种植生产大豆,整体产能主要集中在黑龙江、内蒙古、安徽、四川和河南等5省(区),这几个区域大豆播种面积和产量份额均占全国总播种面积和产量的70%以上。

(1)黑龙江省,大豆种植面积、产量均居全国首位。黑龙江省是中国大豆主要产区,一直被看作是中国大豆的故乡,是我国典型的大豆商品粮基地和出口基地。从大豆品质来看,黑龙江省生产的大豆品种均为非转基因大豆,其品质是其他地区不可比拟的,也正是因为品种优势,使黑龙江大豆在整个国际贸易领域都处于领先地位。

(2)内蒙古自治区,大豆种植面积、产量第二。大豆是内蒙古商品率较高的农产品之一,商品率常年在80%以上。内蒙古大豆主要集中在东部四盟(呼伦贝尔市、兴安盟、通辽市和赤峰市),内蒙古自治区统计局数据显示:东部四盟年产大豆约80万吨,每年销往区外约40万吨,用于当地油脂、豆制品加工约30万吨,商品率达到87.5%。

(3)安徽省,大豆种植面积第三、产量第五。安徽省地处华东腹地,气候温和,雨量充沛。全省拥有耕地6 195万亩,横跨中国黄淮海流域夏大豆区和南方春夏大豆区,大豆的分布非常广泛。按照地理位置、生长环境及品种生态要求的不同,安徽省将大豆产区分为皖北早中熟夏大豆区、皖中晚熟春夏大豆区和皖南晚熟春夏大豆区。

(4)四川省,大豆种植面积第四、产量第三。当前,四川大豆主要集中在四川盆地及东部丘陵地区,主要种植模式为玉米间套作大豆模式、旱地新两熟制大豆净作模式、幼林间作大豆模式。国家统计局数据显示,近十年来,四川大豆播种面积总体呈现出不断扩大趋势。

(5)河南省,大豆种植面积第五、产量第四。河南省位于黄淮流域夏大豆区的腹地,南北跨越近四个纬度。大豆是河南省的五大作物之一,2020年种植面积以562.76万亩位列全国第五,产量以93.42万吨位列全国第四,产区主要集中在京广、焦枝铁路沿线地区。

三 我国大豆生产趋势

2023年2月，中国农业农村部发布《农业农村部关于落实党中央国务院2023年全面推进乡村振兴重点工作部署的实施意见》，要求：千方百计稳定大豆面积、力争有所增加。合理设定玉米大豆生产者补贴标准，实施好大豆完全成本保险和种植收入保险试点。在东北地区大力推广粮豆轮作、适度开展稻改豆等。稳定西北地区大豆玉米带状复合种植实施规模，扩大西南、黄淮海和长江中下游地区推广面积。在新疆次宜棉区推广棉豆轮作，发展小麦大豆隔年轮作。稳步开发盐碱地、整治撂荒地种植大豆。

《中国农业展望报告(2023—2032)》介绍，随着大豆生产支持政策完善和大豆产业发展环境进一步优化，未来10年大豆播种面积将逐年增加，预计2032年将达到2.01亿亩(1 340万公顷)，与基期相比增长40.7%；生物育种及其产业化有力推进，大豆单产预计年均增长3.4%；大豆产量年均增长7.0%，至2032年将达到3 675万吨。由于压榨消费需求增速放缓，食用消费逐年增加，大豆消费量稳步增加，预计2032年为11 947万吨，年均增长0.6%。展望期内大豆自给率持续提高，2032年将达到30.0%左右。随着自给率提高，大豆进口量呈下降趋势。

四 安徽省大豆生产现状及特点

安徽省地处华东腹地，气候温和，雨量充沛，全省耕地440万公顷，横跨我国黄淮和南方两个大豆主产区，是传统大豆种植大省，发展大豆生产有着丰富的土地资源和悠久的历史。

1. 安徽省大豆生产的现状

安徽省大豆的分布非常广泛，按播种季节可分为春大豆和夏大豆两大类型；按多数大豆品种的生态要求，全省可分为淮北早中熟夏大豆区和淮南中晚熟春夏大豆区。

淮北早中熟夏大豆区,包括整个淮北平原及淮河南岸的部分县市,常年大豆种植面积占全省的80%~90%,是安徽省大豆的主产区。淮南中晚熟春夏大豆区,包括整个沿江江南及江淮之间的大部分县市。

中华人民共和国成立以来,1951—1957年全省大豆种植面积都在1 200万亩以上,1958—1960年面积骤降,以后虽有回升,但始终没能恢复到20世纪50年代的水平,长期保持在900万~1 005万亩。1981—1987年面积趋向稳定,保持在1 100万亩左右,总产随之上升,一般保持在70万~90万吨。20世纪90年代以来,大豆种植面积有所下降,但仍保持在700万~800万亩,总产量保持在80万吨左右。长期以来,大豆单产上升缓慢,时而升,时而降,时而徘徊不前。90年代以来,大豆单产提高到80~110千克/亩,平均在95千克/亩以上。2021年全省大豆种植面积880万亩,总产量90.9万吨,单产约103.3千克/亩,远低于全国平均单产129.88千克/亩的水平。

2. 安徽省大豆的生产特点

安徽省大豆栽培历史悠久,在长期历史发展过程中形成了自己的特色,相传豆腐就是西汉时期淮南王刘安在安徽淮南八公山创造的食品。

(1)安徽省种植大豆地区遍布全省各地。淮河以北最为集中,淮河分水岭以南明显减少,沿江江南则零星分散,面积比较小。

(2)安徽省大豆生产以夏大豆生产为主。安徽省也是黄淮流域夏大豆区的主要省份之一,长期种植面积仅次于黑龙江,居全国第二位。随着内蒙古大豆的迅速发展,我省退居第三位。近年毛豆播种面积逐年扩大,毛豆产品远销东南诸省及日本等地。

(3)安徽省大豆以一年多熟制为主体。大豆在轮作复种中的地位十分重要,淮北地区以麦、豆轮作为主,既给小麦提供早茬,又给小麦培肥地力;淮南地区种植形式多样化,多以岗地种植大豆或与其他作物间作套种;皖南地区水稻种植面积大,发展田埂豆是扩大大豆种植面积的有效途径,近年发展很快。

(4)安徽省大豆产区是我国高蛋白大豆的主产区。安徽省大豆产区地处黄淮流域夏大豆主产区的最南端,雨量充沛,大豆鼓粒期气候比北方湿润,昼夜温差比北方小,是我国高蛋白大豆生产的最佳生态区。

(5)安徽省大豆生产机械化水平较高,但类型偏多。主产区仍以手工作业生产为主,基本停留在自给性生产阶段,难以形成规模效益。

(6)安徽省大豆的加工产品以豆油、饼粕和传统豆制品为主,还处在低水平初加工阶段。豆油主要用于食用消费,饼粕主要作为饲料和肥料。由于大豆高附加值、高科技水平的新产品研制开发滞后,从而制约着大豆生产向纵深发展。今后须以科技为先导,一手加大现有加工企业的技改力度,增加花色品种,一手加快大豆精深加工产品的开发和成果储备。

(7)安徽省大豆育种科技含量高,处国内先进水平。自20世纪70年代开始,省内大豆科研单位育成了皖豆28、皖豆37等100多个大豆优质高产新品种,为大豆产业发展奠定了良好的品种基础。

(8)大豆栽培新技术的推广促进了安徽省大豆的发展。安徽省大豆在栽培方式和技术上,采用因地制宜的方法,在精量播种、培育壮苗、合理密植、配方施肥、节水灌溉和病虫草害综合防治等方面,已总结出多种行之有效的模式,在大豆生育规律和栽培新技术相结合的研究上也积累了不少经验。

3. 安徽大豆产业可持续发展战略对策和措施

(1)改善农田基础设施,增强大豆生产防灾减灾能力。通过实施高标准农田建设、中低产田改造、粮食生产功能区建设等工程,加大农田基础设施建设投入,提升农业基础设施水平。一方面,重点加强大型灌区续建和节水改造项目的实施,改善和配套现有排灌设施,逐步建成"旱能浇、涝能排"的农田灌排系统,增加旱涝保收面积。另一方面,根据五大发展理念要求,加大节水工程开工建设的力度,推广绿色高效节水技术的推广应用,提高水力资源综合利用的效率,确保大豆增产、增效。增施有机肥,秸秆还田,改善土壤,提高土壤肥力和可持续生产能力。通过夯实农业生产基础,提高大豆抗倒伏能力及抵御旱涝等自然灾害能力,提高大豆产量及种植效益。

(2)稳妥推进适度规模经营,促进规模化标准化生产。大豆生产属于土地密集型产业,需要劳动力在一定的技术装备条件下,占有一定规模的土地,实行规模化种植、标准化生产、产业化经营。按照依法、自愿、有偿的原则,通过多种模式如转包、转让、股份合作制等土地流转模式加快土地流转进程,使土地不断向规模经营方向发展。安徽地区的气候条件有利于大豆蛋白质的积累,应加大推广应用高产、高蛋白品种,逐步形成高蛋白品种生产基地,形成规模效应,使高蛋白大豆成为本区的优势产业。鼓励粮食产业化经营企业特别是龙头企业,采取"公司+基地+农户"的生产经营管理模式,通过优质专用品种统一供种,"订单"生产,增加农民收入,增强农民种植大豆的积极性,辐射带动优质专用大豆标准化生产。

(3)加强农机农艺融合,提升大豆生产机械化水平。全程机械化是大豆生产可持续发展的必由之路。在培育大豆新品种、研制栽培新模式时,要充分考虑能否满足机械化大规模作业的要求;在研发和示范推广农机化播种、收获等新技术新机具时,要充分考虑大豆品种的特性,探索建立集大豆育种、栽培和农机化技术于一体的研发推广模式。鼓励和支持农业企业、农机合作社、农机大户等通过资金、技术、机具、土地入股等方式组建大豆农机专业合作社,推动适度规模经营,提升大豆生产机械化水平。

(4)加强多学科联合攻关,全面提升大豆生产技术水平。以现有大豆科研机构为基础,开展多学科联合攻关,突出重点,加强品种选育、配套技术的创新研究。重点围绕影响大豆产量、品质和效益的品种、施肥、机械化播种、水分管理、栽培调控、植物保护等技术进行攻关,形成适用于不同生态类型、不同区域的大豆优质高效生产技术体系。同时开展大

规模技术培训,建立完善的技术指导网络,使大豆增产技术在农业生产中得到及时有效的推广应用。

(5)鼓励大豆精深加工,提升大豆生产产业化水平。中国的大豆食品市场潜力巨大。大豆食品由传统豆制品向新兴豆制品以及营养保健豆制品方向发展,产品附加值逐步提高。发挥我省大豆生产的区域优势和资源优势,广泛开发高蛋白、营养丰富的大豆食品及大豆卵磷脂、大豆异黄酮、大豆蛋白肽等高附加值产品,拓宽大豆利用途径。加大对大豆加工龙头企业的支持力度,促进加工企业技术改造、产品升级,打造行业强势品牌,大幅度提升安徽大豆产业的竞争力。逐步建立“科研、生产、加工”一体化的大豆产业化体系,实现大豆区域化布局、规模化生产和产业化经营。

(6)多措并举,完善大豆生产支持政策。大豆是天然的环境友好型作物,能为禾本科主粮作物创造良好的土壤环境,在可持续农业中有着不可替代的作用。充分认识安徽大豆生产的重要性和必要性,完善安徽省大豆产业支持政策。制定适合本区域的优惠政策,稳步扩大“保险+期货”试点,通过价格保险增强农户抵御价格波动风险的能力。

第三章 大豆的植物学特性

大豆起源于中国，是豆科大豆属Soia亚属栽培种，一年生草本植物，亦称黄豆。现种植的栽培大豆是野生大豆通过长期定向选择、改良驯化而来的。

一 种子

大豆按种皮的颜色可分五类：黄大豆、青大豆、黑大豆、褐大豆、双色豆。种子的形状有圆形、卵圆形、扁圆形等。脐色的变化由无色、淡褐、褐、深褐到黑色，见图3-1。

图3-1　大豆种皮颜色

二 根与根瘤

大豆的根系为直根系，由主根、支根和根毛组成。根毛密生使根具有巨大的吸收表面（一株约占100米^2）。根的生长一直延续到地上部分至不再增长为止。在耕层深厚的条件下，根系发达，根量的80%集中在5~20厘米土层内，主根在地表下16厘米以内比较粗壮，愈往下愈细，入土深度在60~80厘米。

图 3-2　大豆根与根瘤

如图 3-2 所示,支根和主根上生有较多的根瘤,主要分布在 20 厘米以上的土层中。根瘤丛生或单生,呈球状,坚硬,色泽鲜润,微带淡红色。在大豆幼苗时期,生存在土壤里的根瘤菌,即从大豆根毛尖端侵入,直达根的表皮,一部分厚壁细胞受到刺激,便分裂产生新的细胞,膨大向外突出,形成根瘤。

根瘤菌最初侵入大豆根部时为寄生关系,待根瘤形成以后才开始有共生关系。根瘤菌生长繁殖需要的营养来自大豆的光合产物,反过来,根瘤菌固定空气中的游离氮素,除自身需要外,将多余部分供给大豆生长发育,这就是大豆与根瘤菌的共生关系。据测定,一季大豆根瘤菌共生固氮量为 96.75 千克/10^3米^2,为一季大豆需氮量的 59.64%。一般来说,根瘤菌所固定的氮可供给大豆一生所需氮量的 1/2 ~ 3/4。这说明,共生固氮是大豆的重要氮源。然而,只依靠根瘤菌固氮是不能满足大豆生长需要的。

三 茎

大豆茎包括主茎和分枝。栽培品种有明显的主茎,其高度一般在 50 ~ 100 厘米,矮者只有 30 厘米,高者可达 150 厘米。茎粗变化也较大,其直径在 6 ~ 15 毫米。主茎一般具有 12 ~ 20 节,但有的晚熟品种有 25

节,有的早熟品种仅有8~9节。大豆幼茎颜色有绿色和紫色两种,绿色茎者开白花,紫色茎者开紫花。茎上生灰白或棕色茸毛,茸毛多少和长短因品种而异。按主茎生长形态,大豆可分为蔓生型、半直立型、直立型。栽培品种均属于直立型。

大豆主茎基部的腋芽常分化为分枝,多者在10个以上,少者1~2个或不分枝。分枝与主茎所成角度的大小,分枝的多少及强弱,决定着大豆栽培品种的株型。按分枝与主茎所成角度的大小,株型可分为张开、半张开和收敛三种类型。按分枝的多少及强弱,又可将株型分为主茎型、中间型、分枝型三种。

四 叶

大豆叶有子叶、单叶、复叶之分。子叶(豆瓣)出土后展开,经阳光照射即出现叶绿素,可进行光合作用。在出苗后10~15天,子叶所贮藏的营养物质和自身的光合产物对幼苗生长是很重要的。子叶展开后3天,随着上胚轴伸长,第二节上先出现2片单叶,第三节上生出1片复叶,多数品种为三出复叶。大豆复叶由托叶、叶柄和小叶三部分组成。托叶一对,小而狭,位于叶柄和茎相连处两侧,有保护腋芽的作用。大豆小叶的形状、大小因品种而异。叶形可分为椭圆形、卵圆形、披针形和心脏形等,见图3-3。

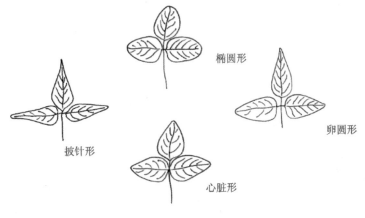

图3-3 大豆的叶形

五 花和花序

大豆的花色有紫色和白色两种。大豆花序着生在叶腋间或茎顶端，为总状花序。一个花序上的花朵通常是簇生的，俗称花簇。每朵花由苞片、花萼、花冠、雄蕊和雌蕊构成。苞片2个，很小，呈管形。花萼位于苞片的上方，下部连合成杯状。花冠为蝶形，位于花萼内部，由5个花瓣组成，花冠的颜色分为白色和紫色两种。雄蕊共10枚，其中9枚的花丝连成管状，1枚分离，花药着生在花丝的顶端，花柱下方为子房，内含胚珠1~4个，个别的有5个，以2~3个居多。大豆是自花授粉作物，花朵开放前即已完成授粉，天然杂交率不到1%。

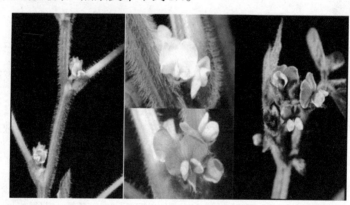

图3-4 大豆的花和花序

六 荚

大豆荚由子房发育而成。荚的表皮被茸毛，个别品种无茸毛。荚色有草黄、灰褐、褐、深褐以及黑色等。豆荚形状分直线形、弯镰形和弯曲程度不同的中间形。大豆荚粒数，各品种有一定稳定性，栽培品种每荚含2~3粒种子。荚粒数与叶形有一定相关性。披针形叶大豆品种4粒荚的比例较大，卵圆形叶大豆品种以2~3粒荚为多。成熟的豆荚中常有发育不全的籽粒，或者只有一个小薄片，通称秕粒。秕粒发生的主要原因是受精后结合子未得到足够营养。

第四章 大豆的生长发育

大豆的生育期是指由播种出苗到成熟所需的天数。为了便于研究和管理,将大豆一生的生长发育过程,划分为三个生育阶段(营养生长阶段、营养生长和生殖生长并进阶段、生殖生长阶段)和六个生育时期(种子萌发期、幼苗生长期、花芽分化期、开花期、结荚鼓粒期和种子成熟期)。

一 种子的萌发

种子萌发是指胚开始萌动到幼苗形成的过程。大豆能否萌发的决定因素,包括它本身的生活力与萌发的外界条件是否具备。种子成熟得越好,发芽率越高。从生理上看,成熟的种子含水量较低,种子的呼吸强度减弱,胚具备发芽能力。另外,贮藏时间及条件对种子的生活力也有很大影响,大豆种子的寿命,一般只有2~3年。成熟期间高温多湿,贮藏时水分大,可削弱种子的生活力;北方冬季温度过低也影响其生活力。大豆种子在一定温度、水分和氧气的条件下,才能发芽。其他条件具备,日平均温度在5℃以下时,种子仍然呈休眠状态;日平均温度在6~7℃时,即可开始萌动发芽,但生长速度极为缓慢;当日平均温度在18~20℃时,大豆种子发芽最为适宜,播种后第四天即能出苗,第六天即可齐苗。大豆种子一般需要吸收本身重量的1.2~1.5倍水分才能发芽。适宜的氧气条件能提高种子的呼吸强度,促进种子内养分转化为可溶性物质,利于胚的生长。因此,播种时要求整地质量高,土壤平坦疏松,同时掌握适宜的播种深度,以利出苗。如图4-1。

图4-1　大豆出苗示意图

二　幼苗的生长

从出苗到花芽分化以前,称为幼苗期。此期为主要的营养时期,植株健壮与否,直接影响后期生殖生长和产量。"好种出好苗,好苗产量高"的说法是有科学道理的。因此,促进和培育壮苗,使营养器官健壮繁茂,可以为后期生殖器官的良好发育奠定基础,从而获得高产。壮苗的表态特征,概括起来是:根系发达、茎粗、节间短;叶片肥厚浓绿、叶面积系数在1左右;根冠比一般在3:1左右;生长敦实、健壮、不徒长。

幼苗时期适宜温度一般为日平均温度20℃以上。由于幼苗茎叶面积较小,耗水量低,较能忍受干旱。此时适宜的土壤含水量为19%~22%。水分过少,生长缓慢;水分过多,则易引起徒长、苗弱,后期易倒伏。这一时期还需要充足的营养,从土壤中吸收的养料随着幼苗的生长逐渐增多。

三　花芽的分化

不同的品种花芽分化的时期也不同,一般出苗后20~30天开始发芽分化。在花芽分化期,分枝也在生长,因此,这一时期也称为分枝期。大豆是短日照作物,每天需要有一定连续时长的黑暗条件才能形成花芽。

当光照要求得不到满足时,将只生长茎叶而不能开花;反之,将提早开花成熟。花芽分化还受温度条件的影响,这一时期适宜的温度为20～25℃。温度较高时,花芽分化加快;温度低于13℃,花芽分化迟缓。本时期大豆开始旺盛生长,所需养分、水分较多,如果养分不足,会减少花数,降低产量。因此,保证土壤中有足够的水分和养分,才能为多开花、多结荚打好基础。

四）开花

大豆开花期,即从始花到终花的日期。开花期的长短因品种和气候条件而不同,不同品种的开花期为18～40天。一般无限结荚习性的品种开花期较长。大豆开花期要求充足的光照和肥水条件,形成植株总高度、总叶面积、总干物质的1/2以上。如遇连阴雨天气,田间密度过大、光线不足,将出现开花数减少,花、荚脱落增多。

开花时期需要大量的养分,无论是灰分还是氮素积累速度都达到高峰。如果土壤养分贫乏或释放养分速度跟不上植株的需要,会影响生殖生长,表现为开花数急剧减少和花的大量脱落;同样也会影响营养生长,表现为生长不繁茂,并导致减产。开花时期需要大量的水分,一方面是由于这个时期叶面积大,植株干物质的积累迅速;另一方面也由于正处于气温最高、日照最长的季节,蒸腾作用强烈,如果这时水分供应不足,必将影响植株的正常生长发育。开花时期最适宜的温度为22～29℃,低于18℃,开花不良,增加花、荚脱落。

五）结荚与鼓粒

结荚鼓粒时期,植株的每个叶层都要求充足的光照,这主要是由于叶片的光合产物几乎只供给本叶腋的生殖器官需要,极少供给相邻叶腋的生殖器官。因此,某个叶片光照不足,光合产物少,这个叶片叶腋的生殖器官就会遭受饥饿,造成秕荚、秕粒。从结荚到鼓粒期,要求土壤水分

充足,以保证籽粒发育,如果土壤水分不足,就会造成幼荚脱落和秕荚、秕粒。这一时期对矿物质的要求虽已经下降,但根系吸收能力还较强,而根瘤菌固氮作用已开始衰退,因此,防止脱肥,满足生育对营养的需要,对籽粒形成和产量提高仍很重要。

六 种子的成熟

大豆遇干旱、高温会显著提早成熟;反之,低温、多湿会延迟其成熟。在成熟期间,如果天气干燥,温度较低,则大豆成熟一致、品质优良。

第五章

夏大豆免耕节本增效高产栽培技术

夏大豆免耕节本增效高产栽培技术是在小麦机械收获并秸秆还田的基础上,集成保护性机械耕作、播后或苗后化学除草、病虫害防控、化学调控等单项技术的配套栽培技术体系。麦收后采用免耕机械播种,省工、省力、节本、节水、增产、增效,并且可以提早播种,延长大豆生育期,一般增产10%左右,水分、肥料利用率提高10%以上;同时,土壤肥力不断提高,水土流失和蒸发减少,提高水分利用效率,也避免了小麦秸秆焚烧造成的环境污染,经济效益和生态效益十分显著。随着配套农机具的不断完善,大豆免耕栽培技术已经成为黄淮海麦豆一年两熟区主要的节本增效高产栽培模式。

一 技术概述

黄淮海麦豆一年两熟区在麦收后六月份播种大豆,由于时间紧、温度高,播期易发生干旱,整地播种费时、费工,容易跑墒,不利于大豆出苗,在多年的生产实践中产生了免耕(铁茬播种)、少耕(灭茬播种)的种植方式。近年来随着农村务农人员结构的改变、机械化程度的提高和机具的改进,在总结传统的铁茬播种经验的基础上,综合运用保护性机械耕作、化学除草、覆盖栽培、科学管理等一系列先进技术,形成了适合黄淮海平原的省工、省力、节本、增产、增效的夏大豆少免耕高产栽培技术体系。

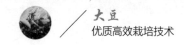
二 增产增效情况

夏大豆少免耕高产栽培技术减少了土壤耕翻,节省能源,省工、省力;可以保持土壤墒情,有利于足墒播种,防止水土流失;可以提早播种,延长大豆生育期,有利于选用中晚熟高产优质大豆良种,提高产量;有利于秸秆还田,增加土壤有机质,减少秸秆焚烧和大气污染。夏大豆少免耕高产栽培技术比传统耕作技术增产10%以上,亩增收节支60元以上,生态效益也非常明显。

三 技术要点

1. 选种

选用高产、优质、耐除草剂大豆品种。精选种子,保证种子发芽率,确定适宜的播种量。一般每亩1.5万株左右,百粒重20克、发芽率正常的种子,每亩播量掌握在5~6千克。

2. 适期早播

麦收后抓紧抢种,一般6月上中旬为播种适期,宜早不宜晚,墒不足可浇水造墒播种。

3. 采用适宜的播种方式和方法

采用机械播种,精量匀播,开沟、施肥、播种、覆土一次完成,有利于提高播种质量。一般行距40厘米左右,播种深度一般3~5厘米。

4. 施肥

播种时亩施磷酸二铵15千克、氯化钾10千克,或大豆专用复合肥30千克。注意种肥分开,肥料深施。也可在分枝期结合中耕培土施肥。

5. 杂草控制

一是播种后出苗前用都尔、乙草胺等化学除草剂封闭土表。二是出苗后用高效盖草能(针对禾本科杂草)、虎威(针对阔叶杂草)等除草剂进行茎叶处理。

6. 病虫防治

做好大豆蚜虫、食心虫、豆荚螟和食叶型害虫的防治工作。

7. 化学调控

高肥地为防止大豆倒伏,可采用多效唑等化学调控剂在初花期进行调控。低肥力地块为防止后期脱肥早衰,可在盛花期、鼓粒期叶面喷洒少量尿素、磷酸二氢钾和硼、锌微肥及其他营养剂。

8. 注意及时排灌

大豆花荚期和鼓粒期遇严重干旱要及时浇水,雨季遇涝要及时排水。

9. 适时收获

当叶片发黄脱落,荚皮干燥,摇动植株有响声时,应及时收获。

四 适宜区域

适宜沿淮淮北麦豆一年两熟夏大豆区。

五 注意事项

免耕覆盖田易于滋生杂草,应重视杂草防除。可于播种后喷洒化学除草剂进行土壤封闭,或大豆出苗后用化学除草剂对杂草进行茎叶处理以杀灭杂草。

<table>
<tr><td>第六章</td><td>高蛋白大豆优质高产
综合栽培技术</td></tr>
</table>

高蛋白大豆是指大豆种子粗蛋白质含量在45%以上的品种,而种子的粗蛋白+油分含量超过63%(油分含量不低于20%)的品种又称作双高品种,或称作兼用大豆品种。大豆的品质除与大豆品种的遗传性有关外,还与所处的环境条件有着密切的关系。据研究,在大豆鼓粒期间,气候相对湿润、昼夜温差相对较小的情况下容易积累蛋白质。安徽省夏大豆产区是我国高蛋白大豆的主产区,雨水充沛,大豆鼓粒期气候比北方湿润,昼夜温差比北方小,是我国大豆主产区中形成优质大豆蛋白质的最佳生态区。安徽省高蛋白大豆种植面积占大豆总种植面积的60%左右。充分利用这种生态优势,有利于发展高蛋白大豆生产。

一 技术概述

高蛋白大豆广泛用于日常膳食和食品加工业,每千克售价比普通大豆高0.10元左右。高蛋白大豆优质高产综合栽培技术是在普通大豆生产基础上,有针对性地选用高蛋白品种,注重播期、种植环境的选择和肥料的施用,加强田间管理,亩增产大豆5%以上,经济效益和社会效益显著。

二 技术要点

(1)种植蛋白质含量符合高蛋白指标要求的品种。大豆品种的遗传性决定着大豆产品的品质,生产高蛋白大豆首先要选用高蛋白品种。目前我省生产上推广种植的高蛋白品种主要有皖豆28、皖豆24、豫豆25等品种。

（2）选择具有灌溉条件的标准农田种植高蛋白大豆。选择土壤肥沃、具有灌溉条件的标准化农田种植高蛋白大豆，从而保证大豆在鼓粒期遇到干旱情况下，能够进行灌溉，有利于保持和发挥高蛋白大豆品种的高蛋白性状。

（3）增施磷钾肥。大豆喜磷好钾，施用磷钾肥，除为大豆提供磷钾营养外，还能促进根瘤的生长，提高根瘤的固氮能力，同时对增强大豆抗旱、抗病以及抗倒伏能力也有良好作用。一般每亩施磷肥25千克，氯化钾7~8千克（或草木灰150~200千克），与有机肥料同时翻入做基肥。在大豆生长后期，喷施1%的磷酸二氢钾，也具有良好的增产效果。特别是肥力水平低的田块，增施磷肥的增产效果更为显著。

（4）适时早播。研究表明，早播早熟，大豆的蛋白质含量高；迟播迟熟，大豆的蛋白质含量容易下降。根据大豆蛋白质形成对气候条件的要求，淮北地区夏大豆应争取在6月15日前播种，9月25日前后成熟，有利于保持大豆品种应有的蛋白质含量。

（5）施用种肥，并用微量元素拌种。我省大豆多为小麦的后作，可以采取施用种肥的办法，满足大豆苗期生长需要，促进根系生长和根瘤的繁殖，对大豆增产十分有利。种肥以腐熟的有机肥以及磷钾肥为主，配合少量氮肥，利用率高，增产效果好。

另外，采用微量元素拌种，也是一项行之有效的增产措施。目前多是用钼酸铵拌种，按1克钼酸铵拌种0.5千克的比例配成水液喷种，边喷边拌，晾干播种，拌种时不能用铁制工具，避免钼肥与铁器接触发生反应，影响肥效。在缺硼和石灰性土壤上，也可用硼砂或硫酸锰拌种，增产效果也好。

（6）田间管理。

①化除。每亩用50%的乙草胺130毫升加48%的广灭灵50毫升对水25千克，于大豆播种后立即喷药进行芽前土壤处理，对多种杂草都有很强的抑制作用。

②中耕。应按浅—深—浅的标准,中耕2～3遍,最后一次中耕可结合进行培土,以防倒伏。

③防旱排涝。从开花到鼓粒是高蛋白大豆吸水速度最快、耗水量最多的时期,此期如果土壤水分低于25%,会造成大量落花、落荚。灌溉应掌握小水勤灌,切忌大水漫灌。一般每隔5～7天灌溉1次,连续浇2～3次,可保花、保荚,提高产量和品质。大豆又是一种耐涝性较差的作物,淹水后容易造成落花落荚,因此要注意开沟排涝,防止渍害。

④治虫。认真做好虫害测报,重点防治食心虫、豆荚螟等危害籽粒的害虫。

⑤追肥。大豆在结荚期追施氮肥,既可满足大豆鼓粒对养分的需要,又不会造成旺长,有利于增加粒重,提高产量。一般地块应在开花结荚期,每亩追施尿素10千克左右,结合灌溉撒施于大豆行间。如果肥料不足,可在鼓粒期进行根外追肥。一般每亩用尿素0.5千克、过磷酸钙1.5千克、硫酸钾0.25千克,加水50千克喷洒于叶片上。最好在阴天或晴天下午4点以后喷施。

(7)适时收获。摇动大豆植株出现响声时收获,通过晾晒后熟,有利于提高产量和品质。

三 注意事项

(1)提高播种质量,保证深浅一致。

(2)注意平衡施肥。注重硼肥、锌肥等微量元素的合理搭配。

(3)花荚期和鼓粒期注意防旱排涝。

第七章 菜用大豆高产高效栽培技术

　　菜用大豆别名毛豆、鲜食大豆等,是指以嫩豆粒为主要产品的大豆,一般在大豆鼓粒后期,籽粒饱满而荚色和籽粒均呈翠绿时采青荚剥取豆粒食用,是缓解蔬菜淡季的重要蔬菜之一。菜用大豆口味鲜美、营养丰富,是城乡居民喜食的优质蔬菜。近年我国菜用大豆的种植面积不断扩大,商品率也不断提高。其生产经营方式由过去的自产自销为主转变为以城市蔬菜供给为主,并发展成为国有外贸企业、合资企业、独资企业同时经营、生产、出口的格局,产品既供内销又供出口;新鲜毛豆上市的时间由过去的3～4个月,扩展到7～8个月,加上速冻菜用大豆,可保证全年供应。菜用大豆是公认的健康食品,随着消费的变化,我国毛豆种植区域和食用人群不断扩大。

　　菜用大豆以采摘食用鲜豆为主,营养丰富,蛋白质含量明显高于其他豆类蔬菜,每100克嫩豆粒含水分57.0～69.8克,蛋白质13.6～17.6克,脂肪5.7～7.1克,胡萝卜素23.0～28.0毫克。菜用大豆不仅蛋白质含量高,还富含多种游离氨基酸、维生素及磷、铁和钙。菜用大豆品质佳,滋味鲜美,较易被人体吸收利用,对调节人们膳食结构和改善营养状况具有重要作用,其市场潜力逐步被人们所认识,日益为现代人所推崇。

　　菜用大豆的食用方法多样,煮食、炒食、凉拌、加工制罐等,通过不同的烹调方法可搭配出近百种菜肴。菜用大豆最常见的食用方法是:洗净豆荚,煮熟后剥食嫩粒,如将荚两端剪掉,加适量食盐,风味更佳,营养也不损耗。也可煮熟风干成熏青豆。菜用大豆煮熟后与胡萝卜及肉丝爆炒,风味鲜美,营养丰富。

第一节 菜用大豆优良品种

一 早熟品种

1. 小寒王毛豆

株高70～80厘米，茎秆粗壮，2～3个分枝。结荚较密，每荚含种子2粒，籽粒近圆球形，粒大，形如豌豆，干豆千粒重400克左右，鲜豆千粒重800～900克。生育期80天左右。籽粒质糯、味鲜、清香、爽滑可口，适宜鲜食、速冻及加工成五香豆或罐头。每亩产鲜荚800千克以上。

2. 早生白鸟

株高45～55厘米。结荚多且大，每荚有2～3粒籽，单荚重3～4克。从播种至采收仅需70天左右，长江中下游春季露地栽培在4月初播种，保护地可尽早至3月上旬，每穴留苗2～3株；生长期70天左右。每亩产鲜荚500～600千克，可用于鲜食和加工。

3. 早豆1号

株高60～70厘米，分枝1～2个。结荚密，荚毛白色，籽粒黄，脐无色，豆粒美观、质糯、味鲜。

①青酥二号。极早熟，播种至采收75～78天。株高35～40厘米，分枝3～4个，节间9～11节。有限结荚多，平均单株结荚45～50个，单株荚重90克以上，最重可达176克。鲜豆百粒重70～75克，豆粒大而饱满，色泽鲜绿，荚毛灰白，两粒荚长可达6厘米，荚宽1.51厘米以上，是鲜食及加工兼用型品种，也是理想的速冻菜用大豆品种。该品种耐寒性强，适应性广，可提前或延后栽培，特别是通过地膜覆盖早熟栽培，可有效应用于麦稻种植茬口的改良及融入其他多种茬口的套种及间作调整。该品种栽培省工，又利于培肥地力。一般每亩产量可超500千克，经济效益显著。

②台湾75。荚大、色翠绿、清香可口、糯性极好,是国内外市场销售和适宜速冻的优良品种。一般株高60~65厘米,株型紧凑,耐肥抗倒,圆叶,有限生长型,单株结荚18个左右,分枝平均3.5个,白花,豆荚茸毛灰白色。干豆百粒重30克以上,百荚鲜种285克,一般每亩产鲜荚700千克。春季播种至采收鲜荚需80天左右。

③AGS292。生长势中等,株高48厘米,分枝少。豆荚肥大,2粒荚长5.9厘米,荚宽1.6厘米,豆粒饱满,绿色,品质佳。鲜豆百粒重65~75克,嫩荚亩产量700千克左右,抗逆性强,春、夏、秋季均可播种栽培。

④日本8901。植株矮、结荚密,是目前春播菜用大豆品种中植株较矮的一种。株高18~23厘米,最低结荚部位大约4厘米,分枝2~3个,主茎与分枝结荚密,结荚部位豆荚成簇,易采摘。单株有效荚25~32个,3粒荚比例高达30%。豆荚比台湾292稍小,百荚鲜重260克。嫩荚翠绿色,荚皮薄,荚形微弯,外观美。豆肉饱满,豆脐淡色,易煮酥且无豆腥味。日本8901产量高,每亩产鲜荚700千克左右,该品种开花成熟期早,播后35天开花,72天可采摘鲜荚,生育期短,不误后作农时,采摘期长,不易黄老,可进行分批收获,减缓豆荚上市压力。

二 中熟品种

1. 新六青

稳产高产,荚大,籽粒饱满,豆粒糯性较强,易熟,无豆腥味,蛋白质和脂肪含量65%~66%,茎秆粗壮,单株结荚25个,荚型宽大,籽粒饱满,干豆百粒重29克左右,鲜豆百粒重达235克,每亩产鲜荚850~1 000千克,播种至采收鲜荚需90天左右。

2. 楚秀

中熟夏菜用大豆品种。株高80厘米,主靶16~17节,底荚高20~25厘米,分枝性弱。花紫色,有限结荚习性,荚宽而直,荚长5~6厘米,荚宽1.2厘米,茸毛浅灰色,成熟荚淡褐色,不裂荚。籽粒呈椭圆形,有光泽,种

脐褐色,百粒重29克,属特大粒,紫褐斑率在0.5%以下,粗蛋白含量45.26%。较抗倒伏,耐湿性强,耐迟播性较好。全生育期105天左右。每亩鲜荚产量600千克以上,干籽产量180～200千克。该品种适合淮北等一年两熟制地区种植。

3. 台湾75

中熟品种,有限结荚习性,早春播种生育期90～100天;春夏播种生育期75～85天。豆粒松脆,糯性及口感均好。叶子圆形,株高60～80厘米,9～10节,分枝4～6个,10片复叶。第6片复叶长出后开花,9～10片自封顶,花白色。种植密度为每亩9 000～10 000株,单株结荚为28.4个左右,百荚重81.6克。一般亩产量在700～900千克,高产田可达1 250千克以上。

4. 台湾292

株高30～40厘米,主茎节数7～9个,分枝3～5个。茸毛白色,花紫色。每花序结荚2～4个,单株结荚15～45个。嫩荚翠绿色,每荚含种子两粒以上,种皮黄色,千粒重300～360克。成熟期集中,适应性广,较耐寒,抗病性较强。春季种植生育期90～110天,夏秋种植生育期70～80天。每亩鲜荚产量:春作400～600千克,夏秋作400千克。干籽产量100～150千克。

▶ 第二节　菜用大豆栽培季节与模式

一　栽培季节

菜用大豆须在无霜期内栽培,一般无霜期为100～170天的地区为春播,播期4月中下旬至5月上旬,8—9月份收获。少数6月上旬播种,霜前收获。无霜期180～240天的地区以夏播为主,也可春播。无霜期240～

260天的地区春、夏、秋季均可播种。

不同播种期选用适合的品种很重要。在播种适期范围内,早播的比迟播的产量高。早熟品种因对光周期反应不敏感,能在夏季的长日照条件下开花结荚,故可春播夏收,早熟品种延迟播种,则植株矮小,产量低。晚熟品种的短日照性强,要到秋季短日照下才能开花结荚,故适宜夏播秋收,主要在5月下旬至6月中旬播种,倘若把晚熟品种提早到春末夏初播种,则生长期延长,枝叶徒长甚至植株倒伏,产量反而降低。所以在不同的栽培季节选用适合的品种是非常重要的。

二 栽培模式

1. 单作

菜用大豆多实行单作,但茬口安排很重要,直接影响土地资源的利用与经济效益。可利用麦后,即在6月上旬小麦收获后播种菜用大豆,8月中旬至10月上旬可上市,此时正值菜用大豆淡季,又值国庆节前后,菜用大豆价值较高。

2. 设施栽培

春播菜用大豆用塑料大棚栽培或小拱棚栽培,提早上市。在1月中下旬播种,5月初分批采摘上市。

3. 间作套种

利用菜用大豆光补偿点低、耐阴性好,特别是菜用大豆生育期短、株型紧凑、适宜间作套种的特点,可采用各种间套模式。

第三节 菜用大豆大田露地栽培

一 选地、整地与施底肥

菜用大豆对肥力要求较高。菜用大豆适于光照条件好、排灌方便、土壤肥力中等、土质疏松的地块种植，最好实行两年以上轮作。土壤过于肥沃，植株易旺长，枝长叶大，不抗倒伏，常出现授粉不良、花而不实的现象；土壤过于贫瘠，菜用大豆长发育不良，产量不高，效益差。菜用大豆生育期很短，施肥要重施底肥。每亩施腐熟有机肥2 000千克、三元复合肥25～30千克、硫酸锌2千克、硼砂2千克作底肥，或用50～100千克复合肥，或尿素15千克、磷肥50千克和钾肥25千克作底肥。播种前要进行深翻晒垡，熟化土壤，底肥即可满足菜用大豆生长需要。

二 选用良种

不同熟期品种搭配种植，在保温栽培中，目前仍以矮脚早、矮脚毛、北丰3号等极早熟或早熟品种为主，搭配台湾292等优质品种；在露地栽培中，目前以日本8901、辽鲜1号为主，搭配种植台湾75等品种，这些品种的干籽粒百粒重在22克以上，荚大粒大，鲜荚采收期长，食用口感好。

三 适时播种

种子在阳光下晒1～2天，过筛精选，拣除病粒、秕粒、虫伤或破损的种子。为预防褐纹病、白粉病的发生，可用50%福美双可湿性粉剂和15%三唑酮可湿性粉剂加少量水拌种，两种药的用量均为用种量的0.1%。晾干后播种，效果较好。应根据当地气温、品种生育期、市场消费习惯和价格变化等，合理调整菜用大豆的播种期。一般露地播种，当气温稳定在

10℃以上时,即可播种。

四 提高播种质量

培育壮苗最好采用条播法,在畦面上按行距开小沟,将处理好的种子均匀地播在小沟内,种间距3～3.5厘米,边开沟边播种。穴播时,穴距20～30厘米,每穴3～4粒。下种后回土盖种,厚度2厘米左右,以不露种为宜。盖种过深,往往因湿度大、温度低而发生烂种。有条件的最好用腐熟的细厩粪盖种,有利于保水和防止土壤板结。

五 合理密植

根据不同品种、不同播期,调整种植密度,一般极早熟或早熟品种密度应大。

六 查苗补缺

出苗后要勤查看,发现因出苗差或地下害虫造成缺苗要及时补栽。补苗时最好选用营养袋苗或带土苗,尽量减少根系的损伤,并用细土封严,缩短缓苗期,尽可能使植株生长整齐一致。

七 病虫害防治

定植后由于地温较低,常有立枯病发生,可用可杀得2 000干悬浮剂1 200倍液或75%百菌清600倍液喷雾防治,间隔5～7天一次,连用2～3次,重点喷在豆苗根茎部;开花后由于枝繁叶茂,通透性差,常有白粉病和褐纹病发生,可喷施12.5%烯唑醇1 200倍液或70%甲基托布津500倍液进行防治,间隔5～7天一次,连用2～3次。前期虫害主要有蚜虫和跳甲,可用5%高效大功臣1 500倍液或52.25%农地乐1 000倍液喷雾防治;后期主要有豆荚螟,可用35%螟蛉速杀;斑潜蝇和红蜘蛛为害,可用58%绿旋风800倍液、0.5%维多力,连用2～3次。

八 及时采收

一般分3～4次采收。开始2～3次可在植株上选择籽粒已饱满但豆荚仍为青绿色的采摘,最后再连株采收1次。避免一次性采收因豆籽饱瘪不一或豆粒成熟度不够,对商品性产生影响。

▶ 第四节 菜用大豆地膜覆盖栽培

选用早熟、高产、优质、耐弱光的大粒型毛豆品种做特早熟栽培,结合地膜覆盖等先进的配套栽培技术,可使其生长期更短、收获期更早,产值更高。

一 选用良种,种子消毒

可选用青酥2号品种。种子中混有菌核或菟丝子种子的应过筛或风选除去,同时也可清除小粒和秕粒。再把有病斑、虫蛀和破伤的种子拣除。若种子发生紫纹病、褐纹病、灰斑病等,需用福美双拌种消毒,用药量为种子重量的0.2%。在没有种过特早熟毛豆的田块,接种根瘤菌的增产效果显著。微量元素中的钼能增强特早熟毛豆种子的呼吸强度,提高发芽势和发芽率,可用浓度为1.5%的钼酸铵水溶液拌种,每100千克种子用钼酸铵稀释液3.3千克,也可与根瘤菌拌种同时进行。

二 施足基肥,清除杂草

于播种前7天每亩施腐熟人畜粪2 000千克,过磷酸钙30千克或三元复合肥40千克,除草剂48%氟乐灵120毫升加水30千克均匀喷洒于畦面,并浅耙土层使其渗透于表土,同时拱棚覆膜。

(三) 提高地温,适时抢播

青酥2号非常适于早春大中棚覆盖栽培,可于2月上旬或3月初在中小棚内加地膜栽培,也可采用电加热线育苗移栽的方法以促进苗齐、苗全。早春中小拱棚覆盖栽培在2月中下旬育苗。做成小高畦播种,畦面宽80~100厘米,畦高20~25厘米。直播一般穴距20厘米,行距25厘米,每穴播种2~3粒,也可用苗床划块育苗移栽的方法。播种时穴底要平,种粒分散,覆土不宜过深,以盖细土2~3厘米为宜。每亩播种量6~7千克,播种后整个畦面或苗床覆盖一层地膜,并将棚四周扣牢压紧,增温保湿,促进出苗。

(四) 勤管理,巧追肥

幼苗子叶顶土后应及时揭去地膜,进行一次中耕松土。遇低温寒潮时加强防寒保暖措施。遇连续阴雨天气,应及时疏通棚四周沟系,防止涝害。当棚内气温达到25℃以上时,要及时通风换气。开花期保持棚内日温23~29℃,夜温17~23℃,相对湿度75%左右,开花结荚期,要求水分充足,应勤浇水,保持土壤潮湿。青酥2号菜用大豆株型较矮,不易徒长,应在初花期,每亩及时追施15千克速效氮肥,6千克三元复合肥,1%尿素,在结荚鼓粒期再向叶面喷施0.4%磷酸二氢钾(200克磷酸二氢钾,1%尿素加水50千克)2次,可有效提高结荚数,促进籽粒膨大,氮肥应早施,磷肥应低施,钾肥应在花芽分化期即出苗后20~30天使用。

(五) 适期采收,妥善贮存

青酥2号菜用大豆的早春大棚栽培,自播种后85~90天便可采收上市。若2月下旬至3月上旬播种,5月中下旬就可采收,采收标准为:豆荚充分长大,豆粒饱满鼓起,豆荚由碧绿色转浅绿色适时采收,此时豆粒糖分含量高,适口香甜,品质佳。采收过迟,豆粒硬,糖分含量低,口感差;

采收过早,瘪粒多,产量低。采下的青豆荚应贮放在阴凉处,或整体连根拔起,除去叶片、空荚和虫害荚,并扎成小束出售,这样可较长时期保持鲜嫩。

第五节　菜用大豆大棚栽培

长江流域地区,为在"五一"节前后有新鲜毛豆上市,可在冬季种植大棚毛豆,但该区域冬季气温低于大豆生长安全温度,需要用大棚覆盖。

1. 品种选择

选用早熟、耐寒性强、低温发芽好、商品性好的宁蔬6、台湾292、日本大粒王等品种。

2. 适期早播

直播,播种时间为2月下旬。播前精细整地,均匀施肥,每亩施2 500~3 000千克腐熟农家肥,过磷酸钙25千克,大棚内做成两畦,畦沟宽30厘米,深20厘米。行距30厘米,穴距20厘米,每穴3粒。播种深度10厘米左右,播种过浅不易出苗。播种后立即覆盖地膜和大棚膜。江浙一带早春大棚栽培于2月初播种,中小拱棚栽培在2月下旬至3月初播种,采用棚内地膜覆盖育苗移栽,露地栽培于3月下旬播种,播后加盖地膜,促进苗齐、苗全、苗匀、苗壮。每亩用种量7.5千克左右。

3. 合理密植

对株型紧凑、熟期早的品种如特早95-1,要重视密植,行距25厘米,穴距15~20厘米,每穴保苗2~3株,每亩留苗数1.5万株以上。

4. 科学施肥

对株型较矮、不易徒长的品种如特早95-1,应施足基肥。每亩施复合肥30千克。苗期应看苗施肥,苗弱、叶色浅时施适量速施氮肥。初花期每亩追施尿素10千克加复合肥5千克。结荚期叶面喷施0.4%磷酸二氢钾加1%尿素溶液,可有效提高结荚数,增加产量。

5. 调控温度

白天温度高于20℃时,要适当开棚或揭膜,当晚上温度低于16℃时,要及时关棚或盖膜,做到勤通风透气,通风量由小到大。

6. 精细管理

出苗后及时检查缺苗情况,及时补播。确保每亩有2 500~3 000株苗,这是早熟菜用大豆丰产的关键。管理中应及时划破地膜,促进幼苗生长。苗齐后要及时通风,白天保持20~25℃,防止高温徒长,夜间注意防寒防冻。3月中旬以后,气温渐高,要加强通风。4月中旬揭掉大棚薄膜。幼苗期根瘤菌未形成前需要追施一次氮肥,每亩用尿素5~10千克。开花初期喷硼肥加多效唑,可防病增产。结荚初期,每亩再施草木灰100千克、过磷酸钙5千克,促进豆荚饱满。此时应防止田间兔、鼠偷吃豆荚。水分管理要贯彻"干花湿荚"原则,开花初期水分要少些,湿度大会落花、落荚,结荚后浇水,促荚生长,但要防止田间渍水。

7. 防治病虫害

大田直播田块在大豆播种后、出苗前,用乙草胺对水均匀喷施,封杀田间杂草。1叶期时,每亩用2.5%盖草能50毫升加40%苯达松150毫升加水喷雾。危害毛豆的病害主要有猝倒病、茎腐病、霜霉病、疫病、锈病和白粉病等。防治方法:2~3叶时用甲基托布津或多菌灵等,对叶面肥喷施1次,现蕾前后,交替用药1次,初花期用药1次,或用25%粉锈宁2 000倍液或58%甲霜灵·锰锌可湿性粉剂500倍液防治1~3次。危害毛豆的虫害主要有蜗牛、黄曲跳甲、豆荚螟、红蜘蛛和蚜虫等,可用"密达"杀蜗牛,用杀螟乳油1 000倍液等防治黄曲跳甲、豆荚螟等,每2周用药一次,注意交替用药,可同时加对叶面肥喷施,也可用菊乐合酯2 500倍液防治蚜虫和用21%增效氰·马乳油500倍液防治豆荚螟。同时应注意,要选用高效、低残留农药,在毛豆上市前半个月,停止用药。

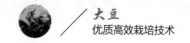

8. 适时采收

豆荚充分长大、豆粒饱满鼓起、豆荚色泽由青绿色转为淡绿色时为采收适期，一般5月下旬开始采收，可分2～4次采收，每亩可收豆荚560千克左右。

第八章 大豆玉米带状复合种植技术

大豆是一种生长期短、比较耐阴抗倒的作物,对其他作物的田间管理影响较小。因为大豆根瘤可以固氮,所以种植大豆还能养地,因而适合与多种作物、果树间作套种;大棵作物间套种大豆还能减轻草害,既省工,又能保土。

大豆与玉米间作是黄淮海地区主要的间作形式之一。大豆为豆科作物,直根系,株矮叶小,本身寄生有根瘤菌可以固氮,是需磷、钾较多的作物。玉米为禾本科,须根系,株高,叶大而长,属喜氮需肥需水较多的作物。大豆与玉米间作可改善玉米的通风透光条件,合理利用营养元素,增加产量和经济效益。

大豆玉米带状复合种植改单一作物种植为高低作物搭配间作、改等行种植为大小垄种植,充分发挥边行优势,实现玉米产量基本不减、增收一季大豆,是传统间套种技术的创新发展,是破解耕地资源约束、挖掘潜力提升大豆产能的重要途径。

一 品种选择

1. 大豆品种

选用耐阴性强、抗倒伏、密植性好、稳产丰产型品种,如皖豆37、金豆99、皖黄506、中黄301、临豆10号、皖宿061、涡豆9号、阜豆15、洛豆1号、南农47等。

2. 玉米品种

"四行大豆:二行玉米"模式:选用矮秆、耐密、抗倒、耐高温、宜机

收、中大穗、抗逆稳产品种,如安农591、丰大611、庐玉9105、宿单608、陕科6号、中玉303、迪卡653等。

"六行大豆:四行玉米"模式:选用矮秆、耐密、抗倒、耐高温、宜机收、中小穗、抗逆稳产品种,如安农218、MY73、中农大678、浚单658、鲁研106、MC121、豫单739等。

注意:每个县(区、市)结合区域当前品种使用现状、大豆玉米生育期等因素选择品种,原则上大豆、玉米品种各不超过3个。

二 行比配置

1."四行大豆:两行玉米"模式

一个生产单元四行大豆,两行玉米,单元宽度为2.7米,大豆行距30厘米,玉米行距40厘米,大豆带与玉米带间距70厘米。

2."六行大豆:四行玉米"模式

一个生产单元六行大豆,四行玉米,单元宽度为5米,大豆行距40厘米,玉米行距60厘米,大豆带与玉米带间距60厘米。

3.适宜区域

全省沿淮淮北大豆、玉米产区。

三 播种时间和方式

1.播种时间

前茬小麦收获后及时进行秸秆打捆离田和灭茬处理,抢时抢墒早播,沿淮淮北地区在6月25日前完成播种。

2.播种方式

机械板茬直播,大豆、玉米均采用种肥同播,行头统一种植大豆,上年开展带状复合种植的地块要注意大豆带与玉米带实现年际间地内轮作。

3.播种机具

"四行大豆:两行玉米"模式:选用适宜的大豆玉米带状复合种植播

种机进行同时播种,通过往复作业实现行比搭配(图8-1),或选用四行大豆播种机、两行玉米播种机进行分播。

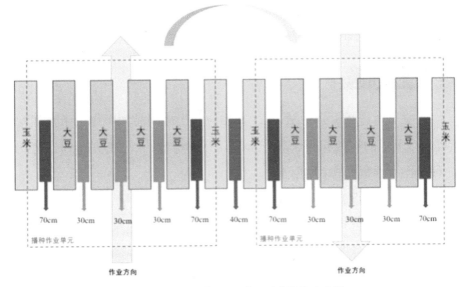

图8-1 "四行大豆:两行玉米"模式示意图

"六行大豆:四行玉米"模式:选用适宜的大豆玉米带状复合种植播种机进行混播,通过往复作业实现行比搭配(图8-2),或选用六行大豆播种

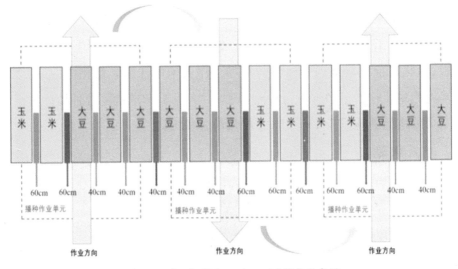

图8-2 "六行大豆:四行玉米"模式示意图

机、四行玉米播种机进行分播。大豆播种深度为3~4厘米,玉米播种深度为4~5厘米。注意:播种机原则上需配置北斗导航辅助驾驶系统和报警装置,提高作业精准度和衔接行行距均匀性,排种器推荐使用气力式或指夹式精密排种器,提高播种质量。

四 适宜密度

大豆玉米带状复合种植,玉米密度应与当地同品种净作玉米密度相当,一行玉米的株数相当于净作玉米两行的株数;大豆密度达到当地同品种净作大豆密度的70%以上。

"四行大豆:两行玉米"模式:四行大豆等行距种植,大豆行距30厘米,大豆株距约11厘米,每亩种植9 000株左右;两行玉米等行距种植,玉米行距40厘米,株距12~14厘米,每亩种植3 500~4 000株。

"六行大豆:四行玉米"模式:六行大豆等行距种植,大豆行距40厘米,株距约10厘米,每亩种植8 000株左右;四行玉米等行距种植,玉米行距60厘米,株距12~13厘米,每亩种植4 000~4 500株。

五 合理施肥

大豆、玉米分别控制施氮肥,玉米要施足氮肥,大豆少施或不施氮肥;带状复合种植玉米单株施肥量与净作玉米单株施肥量相同,一行玉米施肥量要相当于净作两行玉米施肥量,大豆玉米带状复合种植播种机玉米的施肥量调整为净作玉米施肥量的2倍以上。

1. 大豆

基肥:亩基施氮磷钾复合肥(N:P:K=15:15:15)或大豆专用肥10~15千克,肥力水平较高的地块可以不施或少施基肥。

追肥:初花期每亩追施尿素3~5千克。

2. 玉米

基肥:亩基施纯氮含量25%~28%的含锌玉米缓控释肥或玉米专用

肥50千克。

追肥：玉米大喇叭口期视苗情，在两行玉米之间每亩追施尿素15～20千克，结合降雨或者喷灌追施，注意氮肥深施，以水调肥，切忌全田撒施。在玉米大豆灌浆期喷施1~2次叶面肥（每亩喷磷酸二氢钾50克左右）。

六 除草方法

1. 播前

若前茬作物收获后田间杂草较多，可在播种前5～7天，用草铵膦喷雾处理，杀灭已经出苗的杂草，降低杂草基数。

2. 播后芽前

及时封闭除草，建议播后2天完成，也可在播种机上加装喷雾，播种、除草同时进行。药剂选用精异丙甲草胺（或乙草胺）+噻吩磺隆（或唑嘧磺草胺）桶混进行土壤封闭处理，根据土壤墒情调节用水量。

3. 苗期

封闭除草效果欠佳地块，大豆2～3片复叶期至封行前选用精喹禾灵+氟磺胺草醚等大豆专用除草剂，玉米3～5叶期选用苯唑草酮+莠去津或烟·硝·莠去津等专用除草剂，采用自走式分带喷杆喷雾机或背负式喷雾器+定向喷头+定向罩子+隔离挡板，进行茎叶定向隔离喷雾，实施人工喷雾时，喷头离地高度不高于5厘米，在傍晚无风时进行。

注意：茎叶处理除草剂用药量按照每种作物的实际占地面积计算，使用浓度严格按照药剂使用说明，定向隔离除草要特别做好物理隔离，防止产生药害。一旦产生药害，及时喷施植物生长调节剂。

七 化学控旺

化学控旺要结合天气条件和植株长势适时、适期、适情开展。

1. 大豆

对于生长过旺的大豆,在分枝期或初花期选用5%烯效唑控旺防倒,用量为每亩24~48克,对水40~50千克后采用喷雾机叶面均匀喷施。

2. 玉米

对生长过旺的玉米,在7~10片展开叶时选用30%胺鲜乙烯利水剂、矮壮素等控旺防倒,用量为每亩20~25毫升,对水15~20千克后采用喷雾机叶面均匀喷施。

注意:生长调节剂严格按照产品使用说明书推荐浓度和时期施用,不漏喷、重喷。

(八) 病虫害防治

根据大豆玉米带状复合种植病虫害发生特点,加强田间病虫害调查监测,准确掌握病虫害发生动态,做到及时发现、适时防治。尽可能协调采用农艺、物理、生物、化学等有效技术措施病虫害综合防控。大豆登记农药品种不多,各地可在试验示范基础上科学选用未登记药剂。施用化学药剂过程要严格执行农药安全使用操作规程,注意合理轮换用药。

1. 播种期防治

播种前进行种子处理。针对当地大豆、玉米主要根部病虫害(根腐病、孢囊线虫、地下害虫等),进行种子包衣或药剂拌种处理防控地下病虫害,可选用精甲·咯菌腈、丁硫·福美双、噻虫嗪·噻呋酰胺等种衣剂进行种子包衣或拌种。

2. 生长前期防治

大豆苗期—分枝期(始花期):主要病虫害为根腐病、霜霉病、蝼蛄、蛴螬、甜菜夜蛾、大豆蚜等。害虫防控可采用敌百虫、溴氰菊酯、氯虫苯甲酰胺及其复配剂、氟苯虫酰胺及其复配剂等;病害防控可采用多菌灵、福美双。

玉米苗期—拔节期(大喇叭口期):主要病虫害为细菌性茎腐病、苗枯病、蓟马、蝼蛄、蛴螬、黏虫等。害虫防控可采用氯氟氰菊酯、氯虫苯甲酰胺等;病害防控可采用多菌灵、代森锰锌等。

3. 生长中后期防治

大豆花荚期:主要病虫害为菌核病、炭疽病、烟粉虱、大豆食心虫、斜纹夜蛾、点蜂缘蝽等。害虫防控可采用氯虫苯甲酰胺、甲维盐、茚虫威等;病害防控可采用菌核净、异菌尿、吡唑醚菌酯等。

玉米抽雄期:主要病虫害为玉米茎腐病、玉米穗腐病、玉米南方锈病、玉米弯孢霉叶斑病、玉米小斑病、玉米螟、草地贪夜蛾、棉铃虫、桃蛀螟等。害虫防控可采用氯虫苯甲酰胺及其复配剂、氟苯虫酰胺及其复配剂等;病害防控可采用丙环唑、醚菌酯、吡唑醚菌酯等。

注意:大豆、玉米苗期病虫害选用高地隙自走式植保机进行统一喷药;大豆、玉米中后期病虫害防治适期一致时,可选用热雾飞防或微雾滴飞防进行统一喷药;防治适期不一致时,采用微雾滴飞防方式分别进行防治,应根据玉米和大豆带宽对喷头进行适度调整,精准控制喷幅。各时期病虫害防治措施应尽可能与大豆、玉米田间喷施化学除草剂、化控剂、叶面肥等相结合,进行"套餐式"田间作业。

图8-3 大豆玉米带状复合种植模式田间生长情况

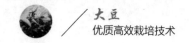

九 机械收获

1. 大豆先收获

大豆成熟后,选用割幅宽度小于玉米带之间距离 10~20 厘米的大豆收获机先收大豆,玉米成熟后再选用两行或四行玉米收割机收获玉米。

2. 大豆、玉米同时收获

大豆、玉米成熟期一致时,可以异机同时收获,大豆收获机和玉米收获机前后布局,依次作业。机型外廓尺寸、轮距可根据大豆种植幅宽和玉米行数选用匹配机型,也可选用常规收获机减幅作业。

第九章 ▶ 大豆主栽品种、引种与种子收贮

一 ▶ 大豆主栽品种

俗话说"千里麦,百里豆",大豆是光温敏感作物,品种的适应性较为狭窄。选择适宜我省当地生态区种植的大豆品种是获得高产和经济效益的基础。

1. 中黄13(国审豆2001008)

中国农业科学院作物研究所育成。生育期100天,百粒重24~26克,紫花,灰毛。籽粒椭圆形,种皮黄色,种脐褐色。粗蛋白含量为45.8%,粗脂肪含量为18.66%。抗倒伏、抗病性强,商品性好,适应性强。

2. 齐黄34(国审豆2013009)

山东省农业科学院作物研究所育成。生育期105天,百粒重28克。白花,棕毛。籽粒椭圆形,种皮黄色、无光,种脐黑色。粗蛋白含量45.13%,粗脂肪含量22.48%,抗大豆花叶病毒、抗霜霉病、抗炭疽病、耐旱、耐涝、耐盐碱、适应范围广。

3. 皖豆28(国审豆2008004)

安徽省农业科学院作物研究所育成。生育期105天,百粒重22.1克。紫花,灰毛。籽粒椭圆形,种皮黄色,无光泽,种脐褐色。粗蛋白含量45.83%,粗脂肪含量19.94%。

4. 皖豆37(皖豆2016010)

安徽省农业科学院作物研究所育成。生育期105天,百粒重20.3克。白花,灰毛。籽粒椭圆形,种皮黄色,种脐褐色。粗蛋白含量

40.57%,粗脂肪含量20.91%。

5. 皖豆35（国审豆2015006）

安徽省农业科学院作物研究所育成。生育期104天,百粒重19.88克。白花,灰毛。籽粒椭圆形,种皮黄色、微光,种脐黄色。粗蛋白含量42.05%,粗脂肪含量19.65%。

6. 郑1307（国审豆20190018）

河南省农业科学院经济作物研究所育成。生育期104天,百粒重16.9克。紫花,灰毛。籽粒圆形,种皮黄色、有光泽,种脐褐色。粗蛋白含量42.22%,粗脂肪含量19.46%。

7. 皖豆33（皖豆2013003）

安徽省农业科学院作物研究所育成。生育期99天,百粒重20.1克。紫花,灰毛。籽粒椭圆,种皮黄色,种脐褐色。粗蛋白含量43.86%,粗脂肪含量21.17%。

8. 洛豆1号（国审豆20190026）

河南省洛阳市农林科学院育成。生育期109天,百粒重23.9克。紫花,灰毛。籽粒椭圆形,种皮黄色、微光,种脐浅褐色。籽粒粗蛋白含量41.79%,粗脂肪含量19.1%。

9. 菏豆19（国审豆2010010）

山东省菏泽市农业科学院育成。生育期105天,百粒重23.1克。紫花,灰毛。籽粒椭圆形,种皮黄色、无光,种脐深褐色。籽粒粗蛋白含量41.88%,粗脂肪含量19.65%。

10. 临豆10号（国审豆2010008）

山东省临沂市农业科学院育成。生育期105天,百粒重23.6克。紫花,灰毛。籽粒椭圆形,种皮黄色、无光,种脐深褐色。粗蛋白含量40.98%,粗脂肪含量20.41%。

11. 金豆99（皖审豆20200003）

安徽省宿州市金穗种业有限公司育成。生育期102天，百粒重22.0克。紫花，灰毛。籽粒椭圆形，种皮黄色，种脐淡褐色。粗蛋白含量40.85%，粗脂肪含量18.83%。

二 大豆引种

1. 黄淮夏大豆区引种

黄淮夏大豆品种光（温）反应介于北方春大豆和南方夏大豆之间，北方春大豆品种引种到黄淮地区夏播，其早熟品种多表现生育期缩短过多，而晚熟品种生育期与当地品种接近，具有一定的利用价值。长江流域春大豆晚熟品种或极早熟夏大豆品种和少数南方春大豆品种也有可能用作黄淮地区夏播种植。

黄河以南、淮河以北的夏作大豆，可以与陕西关中地区及陇海铁路中段及东段地区，相互引种夏大豆。自偏南地区向北引种，及东部地区向西部地区引种时，应引略早熟品种。

2. 长江流域夏大豆区引种

长江中下游春大豆：于本地区内可相互引种。北方春大豆区各种熟期类型、黄淮夏大豆极早熟类型中的大粒品种（百粒重在25克以上）可引作菜用大豆（毛豆）种植。

（1）云贵高原地区春大豆。可将江淮地区早熟或中熟夏大豆品种引入这一地区作春播种植。

（2）长江流域夏大豆。长江中下游各地区之间，夏大豆可相互引种。黄淮夏大豆中的大粒品种也可引作菜用大豆种植。

（3）长江流域秋播大豆。相同纬度地区内及以南地区的秋大豆品种及南方多熟制大豆区南部的迟熟大豆品种，均可引入作为秋大豆种植。此外，也可以同地区春大豆、夏大豆品种代替秋大豆品种。

3. 引种注意事项

（1）高纬度地区从低纬度地区引入光（温）敏感的品种种植，出现不能正常成熟现象。严重者大豆不能开花。

（2）黄淮夏大豆中、晚熟品种引入长江流域地区作为夏播大豆种植，一些年份表现正常，但多数年份表现不正常，如落荚、烂荚严重，表现不耐高温高湿。东北春大豆引入长江流域作春、夏播大豆种植，可作毛豆利用，如要收获干籽粒，也有同样的问题，严重者甚至绝收。

（3）引入品种感染病害严重，特别是大豆花叶病毒病，一般来说，引入品种当年病害并不严重，但种植一两年后，病害会越来越严重，这主要是因为大豆花叶病毒病是种子带毒传播和作为初侵染源的，如果品种不抗病，种子带毒率会越来越高。

上述问题出现的根本原因就是大面积引种前，没有进行多年多点引种试验。

三 大豆种子收贮

大豆在高温、高湿、机械损伤及微生物的影响下很容易变性，导致大豆活性降低。因此，大豆应小心贮藏。

1. 大豆收获与贮藏的窍门

大豆应在叶子普遍落地、秸秆全部发黄、豆荚开裂之前进行收获。收获后，立即干燥降水。带荚暴晒既能充分干燥，又能防止豆粒破皮皱缩，使其保持良好的颜色、光泽、发芽力，减轻贮藏中浸油和酸败等损害。晾晒至大豆含水分12.5%以下，即可入仓或容器贮藏。贮前先铺垫苇席、草袋片、塑料薄膜、油毡等防潮、隔湿材料，贮满后趁冷凉密封，使大豆处于干燥凉爽、低温阴暗的环境中，可防止变色走油、生虫、吸湿生霉。

2. 大豆入库前的注意事项

大豆入库前要保证含水量达到安全贮藏标准，即12%。超过13%就有霉变的可能。为此,通常要等到豆叶枯黄脱落、摇动豆荚有响声时才收获,并及时将种子带荚暴晒。当豆荚干透、部分爆裂时才脱粒。种子入库前须严格检测水分含量,对于超标的要抢晴朗、微风天气及时摊晾。种子入库前要剔除虫粒、霉粒、破碎粒及杂物。仓库应具有坚固、防潮、隔热、通风、密闭等性能,做到专库专用,库内不能同时堆放化肥或农药等物品。种子入库时温度要低,特别是经过晾晒的大豆种子,必须先摊开冷却后方可入库贮藏。入库选在晴朗干燥天气进行,避免在阴雨潮湿天入库。温度低于15℃、含水量在12%以下时,种子堆放的散堆高度以不超过1.5米、装袋以8个标准麻袋为宜。种子垛与墙之间、垛与垛之间要合理安排间隔,以利于空气流通和入库检查。

3. 大豆贮藏期管理

(1)通风散潮。新收获的大豆种子入库后还需一段时间后熟,其间种子会散发出大量的水汽和热量。因此,新收种子入库后,一旦发现温度过高或湿度过大,应立即通风换气,必要时进行倒藏或倒垛,避免种子出汗发热及霉烂。

(2)沙压贮藏。大豆中的蛾类害虫在粮面以下10厘米的范围内活动,采用沙压密闭的方法防治很有效。即在粮面上铺废旧面袋或编织袋,上面压8厘米厚晒干的沙土,把边角压严实。沙压还可隔热防潮,防止大豆变色走油。

(3)阴层贮存。大豆在贮藏中,如温度过高、接触空气过久,常出现子叶变红、走油现象。这是由于蛋白质和脂肪劣变引起的。大豆变色、浸油后,食用价值和经济价值大大降低。因此,贮藏大豆时,应放在干燥、凉爽、通风、气温低且阳光不能直接照晒的地方。仓库或容器贮藏时,应把大豆放在下层,上层压盖其他粮食。仓库门窗应加遮阳设备。容器应放在干燥阴凉处。

(4)低温密闭。趁寒冬季节将大豆转仓或出仓冷冻,使其温度充分下降后再进仓密闭贮藏。除保管员外,其他人尽量减少进库次数。

第十章 大豆病虫草害防治技术

一 主要病害及其防治

1. 大豆花叶病毒病

大豆花叶病在我国发生十分普遍,以黄淮流域、江汉平原和华北等地最严重。该病会导致植株矮化、结荚稀少,流行年减产3～7成,甚至绝收。

【症状】大豆花叶病毒病的症状主要为皱缩花叶、黄斑花叶、顶枯、脉间坏死、卷叶、疮斑花叶等。常因品种、天气条件、感染病毒时期和部位以及病毒株系的不同而有较大的差别。典型症状为植株显著矮化,叶片皱缩并呈现褪绿花叶,叶缘向下卷曲,有的沿叶脉两侧有许多深绿色的疱状突起。嫩叶症状较明显,老叶常不表现症状,种子传毒或感病较早的植株,3～4叶期即出现症状。高度感病品种发病后可出现顶芽坏死,

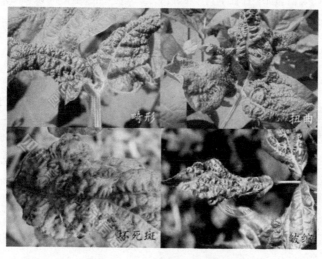

图10-1 大豆花叶病毒病

52

叶片上除斑驳和扭曲外,还会产生坏死小点。除典型的系统斑驳外,还可以产生局部坏死斑、系统坏死斑、枝梢坏死、矮化、小叶、鞭状叶、锥形复叶等症状,也可能无症状。病株种子上常出现斑驳纹,俗称花脸豆或褐斑粒。斑纹或以脐为中心呈放射状,或通过脐部呈带状,其形状与感病程度和寄主品种有关。斑纹色泽与脐色一致,在褐脐豆粒上为褐斑,黑脐豆粒上为黑斑,影响外观品质。

【发病条件】大豆花叶病毒病侵染来源主要是带毒种子,主要通过蚜虫传播,也可通过汁液摩擦传播。大豆花叶病毒病的发生轻重与温、湿度关系密切,高温干旱天气有利于病毒病大发生。另外,高温干旱天气有利于蚜虫繁殖、活动,也有利于病毒传播。

【防治】防治大豆花叶病毒病应采取以选育抗病品种和消灭蚜虫为主的综合防治措施。①选育抗病品种。目前我省新审定的品种均具有不同程度的抗性。生产上推广的比较抗病、耐病的大豆品种有皖豆37、皖豆35、郑1307等,可根据当地情况选择种植。②防治传毒蚜虫。防治方法见大豆蚜虫。

2. 大豆疫霉根腐病

【症状】大豆各生育期均可发病。出苗前染病引起种子腐烂或死苗。出苗后染病导致根腐或茎腐,造成幼苗萎蔫或死亡。成株染病茎基部变褐腐烂,下部叶片叶脉间黄化,上部叶片褪绿,造成植株萎蔫,凋萎叶片悬挂在植株上,病根变成褐色,侧根、支根腐烂。

【发病条件】病菌以卵孢子在土壤中存活越冬成为该病初侵染源。带有病菌的土粒被风吹雨淋或溅到大豆上能引起初侵染。土壤中或病残体上卵孢子可存活多年。湿度高或多雨天气、土壤黏重,易发病。重茬地发病重。

【防治】①选用对当地小种具抵抗力的抗病品种。②加强田间管理,及时深耕及中耕培土。雨后及时排出积水,防止湿气滞留。③药剂防治。播种时沟施甲霜灵颗粒剂,使大豆根吸收可防止根部侵染;播种前

图10-3　大豆疫霉根腐病

以种子重量0.3%的35%甲霜灵粉剂拌种也有明显效果。必要时喷洒或浇灌25%甲霜灵可湿性粉剂800倍液或58%甲霜·锰锌可湿性粉剂600倍液。

3. 大豆白粉病

【症状】病害多从叶片开始发生,叶面病斑初为淡黄色小斑点,扩大后成不规则的圆形粉斑。发病严重时,叶片正面和背面均覆盖一层白色粉状物,故称白粉病。受害较重的叶片迅速枯黄脱落。嫩茎、叶柄和豆荚染病后病部亦出现白色粉斑,茎部枯黄,豆荚畸形干缩,种子干瘪,产量降低。发病后期,病斑上散生黑色小粒点(闭囊壳)。病原菌为大豆白粉菌。

【发生条件】田间以子囊孢子和分生孢子进行初侵染,寄主发病后病斑上产生大量分生孢子,经气流传播引起再侵染。分生孢子萌发的温度范围为10～30℃,最适温度为22～24℃,空气相对湿度98%。在昼夜温差大和多雾、潮湿的气候条件下易于发病。土壤干旱或氮肥施用过多时也易发病。

图10-4　大豆白粉病

【防治】避免重茬和在低湿地上种植,合理密植,保持植株间通风良好,降低空气湿度。增施钾肥,提高植株抗病能力。发病初期可用70%甲基托布津1 000倍液,或50%多菌灵可湿性粉剂1 000倍液,或25%粉锈宁可湿性粉剂2 000倍液,或58%甲霜灵锰锌可湿性粉剂500倍液,每隔10天左右喷施一次,连喷2～3次。

4. 大豆紫斑病

【症状】大豆叶、茎、荚和种子均可受害。病种的种皮上尤其是脐部产生紫色病斑,严重时全部种皮变为紫色,无光泽,粗糙并具裂缝,严重降低大豆商品品质。感病植株叶片上也产生紫色斑点,荚上病斑近圆形或不规则,干燥后变黑色,并产生紫蓝色霉状物。

【发生条件】此病为真菌病害,病菌以菌丝体或子座在病种子上或病

图10-5　大豆紫斑病

株残体上越冬,为初次侵染来源。播种病粒后,病菌由种皮发展到子叶,产生大量分生孢子,随风雨重复扩大传播到叶片、豆荚上。结荚期高温多雨有利于此病的发生。

【防治】主要是选用抗病品种,选留无病种子,消除病残株,播种时可用0.3%菲醌拌种,开花后可喷施50%苯来特或50%代森锌800倍液防治。

5. 大豆炭疽病

【病原】病原为大豆小丛壳,属子囊菌亚门球壳菌目小丛壳属真菌。

【症状】从苗期至成熟期均可发病。主要为害茎及荚,也为害叶片或叶柄。茎部染病,初生褐色病斑,其上密布不规则排列的黑色小点。荚染病,小黑点呈轮纹状排列,病荚不能正常发育。苗期子叶染病,现黑褐色病斑,边缘略浅,病斑扩展后常出现开裂或凹陷,病斑可从子叶扩展到幼茎上,致病部以上枯死。叶片染病,边缘深褐色,内部浅褐色。叶柄染病,病斑褐色,不规则。

图10-6　大豆炭疽病

【发生条件】病菌在大豆种子和病残体上越冬,翌年播种后即可发病,发病适温25℃。病菌在12℃以下或35℃以上不能发育。生产上苗期低温或土壤过分干燥,大豆发芽出土时间延迟,容易造成幼苗发病。成株期温暖潮湿条件利于该病菌侵染。

【防治】①选用抗病品种和无病种子。②收获后及时清除病残体、深翻,实行3年以上轮作。③药剂防治。播种前用种子重量0.5%的50%多菌灵可湿性粉剂或50%扑海因可湿性粉剂拌种,拌后闷几小时。也可在开花后喷25%炭特灵可湿性粉剂500倍液或47%加瑞农可湿性粉剂600倍液。

二 主要虫害及其防治

1. 大豆蚜虫

【形态特征】大豆蚜虫又叫腻虫。属同翅目蚜科。成虫分为两种：有翅孤雌蚜，卵圆形，黄色或黄褐色，体侧有明显乳突，触角淡黑色与身体同长，腹管黑色，基部宽约为末端的2倍；无翅孤雌蚜，长椭圆形，黄色或黄绿色，体侧有乳突，触角比身体短，腹管基部略宽。若虫形态与成虫基本相似，腹管短小。

【症状】大豆蚜虫多集聚在大豆的幼嫩部为害，受害叶片卷缩，根系发育不良，植株矮小，早期落叶，结荚率低。苗期受害重时整株枯死。此外，还可传播病毒病。

图10-7　大豆蚜虫

【发生规律】大豆蚜虫1年发生十余代。有翅孤雌蚜迁飞至大豆田，为害幼苗，6月下旬至7月中旬进入为害盛期。越冬卵量多，春季雨水充沛，营养条件好，6月下旬至7月上旬均温22～25℃、相对湿度低于78%时，有利其大发生。盛夏高温则虫口自然消减。大豆蚜虫的天敌种类较多，有瓢虫类、食蚜蝇、草蛉、蚜茧蜂、瘿蚊、蜘蛛等，对其发生有一定抑制作用。

【防治】①农业防治。及时铲除田边、沟边、塘边杂草,减少虫源。②利用银灰色膜避蚜和黄板诱杀。③生物防治。利用瓢虫、草蛉、食蚜蝇、小花蝽、烟蚜茧蜂、蚜小蜂、蚜毒菌等控制蚜虫。④药剂防治。当有蚜株率达50%或卷叶株率在5%～10%时,即应防治。可选用10%吡虫啉(大功臣、一遍净等)1 500～2 000倍液,或40%克蚜星乳油800倍液,或35%卵虫净乳油1 000～1 500倍液,或20%好年冬乳油800倍液,或50%抗蚜威(辟蚜雾)可湿性粉剂1 500倍液喷雾。

2. 豆荚螟

【形态特征】豆荚螟又叫豇豆荚螟,属鳞翅目螟蛾科。成虫体长10～12毫米,翅展20～24毫米。头部、胸部褐黄色,前翅褐黄色,沿翅前缘有一条白色纹,前翅中室内侧有棕红、金黄宽带的横线;后翅灰白色,有色泽较深的边缘。卵椭圆形,长约0.5毫米,卵表面密布不规则网状纹,初产乳白色,后转红黄色。幼虫共5龄,初为黄色,后转绿色,老熟后背面紫红色,前胸背板近前缘中央有"人"字形黑斑,其两侧各有黑斑1个,后缘中央有小黑斑2个。气门黑色,腹部趾钩为双序环。蛹长9～10毫米,黄褐色,臀刺6根。

【症状】以幼虫蛀食寄主花器,造成落花。早期蛀食豆荚造成落荚,后期造成豆荚和种子腐烂,并且排粪于蛀孔内外。幼虫有转果钻蛀的习性,在叶上孵化的幼虫常常吐丝把几个叶片缀卷在一起,幼虫在其中蚕食叶肉,或蛀食嫩茎,造成枯梢。

图10-8　豆荚螟

【发生规律】在黄淮海夏大豆区1年发生4~5代,以老熟幼虫在土中越冬,来年3月底开始化蛹,成虫昼伏夜出,趋光性弱。幼虫先在豆荚表皮爬行,然后蛀入,孔口有一白色薄丝小茧。幼虫在荚内将豆粒吃光,再转荚为害。老熟幼虫落地在表土中作茧化蛹。豆荚螟发生的适宜温度是15~32℃,豆荚上茸毛多的品种发生重。

【防治】①选用早熟、毛少、丰产品种。②及时清理落花和落荚,并摘去被害的卷叶和豆荚,减少虫源。③药剂防治。在上午9时前施药,着重喷在花蕾上。严禁施用剧毒、高残留或长效化学药剂。可用21%增效氰·马乳油500倍液防治,还可用晶体敌百虫800倍液防治2~3次,可收到良好的效果。

3. 红蜘蛛

【形态特征】红蜘蛛又名棉叶螨,属蜱螨目叶螨科。雌螨体椭圆形,深红色,体侧具黑斑。须肢端感器柱形,长是宽的2倍,背感器梭形,较端感器短。雄螨体黄色,有黑斑,阳具末端形成端锤。阳茎的远侧突起比近侧突起长6~8倍,是与其他叶螨相区别的重要特征。

【症状】大豆红蜘蛛每年发生十几代,3月上中旬开始活动,由杂草陆续向棉田、大豆田转移,7月中下旬进入为害盛期。砂、薄、旱地及靠近村

图10-9　红蜘蛛

庄、路边、荒田、棉田的大豆,虫源多,虫口密度大,为害重。低温、多雨对红蜘蛛有一定抑制作用,低温、暴雨对其发生更为不利。干旱、少雨年份往往大发生。

【防治】①清除田边杂草,及时中耕除草,灌水防旱。②有条件的可人工饲养和释放捕食螨、草蛉等天敌。③药剂防治。在点片发生阶段喷洒1.8%虫螨克乳油3 000倍液,或20%螨克乳油2 000倍液,或20%哒螨酮可湿性粉剂1 500倍液,或20%复方浏阳霉素乳油1 000~1 500倍液等喷雾。

4. 豆秆黑潜蝇

【形态特征】豆秆黑潜蝇属双翅目潜蝇科。成虫为小型蝇,体长2.5毫米左右,体色黑亮,腹部有蓝绿色光泽,复眼暗红色。前翅膜质透明,具淡紫色光泽,平衡棍全黑色。卵长椭圆形,乳白色,稍透明。幼虫蛆形,初孵化时乳白色,以后渐变为淡黄色。蛹长筒形,黄棕色。

【症状】幼虫钻蛀为害,造成茎秆中空,植株因水分和养分输送受阻而逐渐枯死。苗期受害,形成根茎部肿大,全株铁锈色,比健株显著矮化,重者茎中空、叶脱落,以致死亡。后期受害,造成花、荚、叶过早脱落,粒重降低而减产。

【发生规律】豆秆黑潜蝇一年发生4~6代,以蛹和少量幼虫在豆秆中

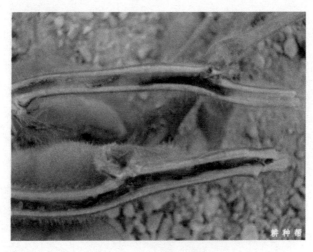

图10-10　豆秆黑潜蝇

越冬。成虫飞翔能力弱,有趋光性,在上午7—9时活动最盛。产卵在叶背主脉附近组织内,以中上部叶片为多。幼虫孵化后,立即潜入表皮下食害叶肉,并沿叶脉进入叶柄,再进入茎秆,蛀食髓部,在髓部中央蛀成蜿蜒隧道,长17~35厘米,像蛇的行迹,故名豆秆黑潜蝇。一般一个茎内有幼虫2~5头,多时6~8头,茎内充满虫粪,被害轻的植株停止生长,重者呈现枯萎。幼虫老熟后即在秆内化蛹,化蛹前咬一羽化孔。

【防治】①农业防治。及时处理秸秆和根茬,减少越冬虫源。②每亩用锐劲特有效成分3.4~5克对种子进行处理。③药物防治。以防治成虫为主,兼治幼虫,于成虫盛发期,用50%辛硫磷乳油,或50%杀螟硫磷乳油,或50%马拉硫磷乳油,或40%乐果乳油1 000倍液喷雾,喷后6~7天再喷一次。

5. 小地老虎

【形态特征】小地老虎成虫体长16~23毫米,翅展42~54毫米,深褐色。前翅由内横线、外横线将全翅分为三部分,有明显的肾状纹、环形纹、棒状纹,有两个明显的黑色剑状纹。后翅灰色无斑纹。幼虫体长37~47毫米,灰黑色,体表布满大小不等的颗粒,臀板黄褐色,有两条深褐色纵带。

图10-11 小地老虎

【症状】小地老虎3龄前的幼虫大多在植株的心叶里,也有的藏在土表、土缝中,昼夜取食植株嫩叶。4~6龄幼虫白天潜伏于浅土中,夜间出外活动危害,尤其在天刚亮多露水时危害最重,常将幼苗近地面的茎基部咬断,造成缺苗断垄。

【发生规律】小地老虎喜欢温暖潮湿的气候条件,发育适温为13~25℃。成虫对黑光灯及糖、醋、酒有较强的趋性。老熟幼虫有假死习性,受惊可缩成"C"形。

【防治】利用成虫对黑光灯和糖、醋、酒的趋性,设立黑光灯诱杀成虫。用糖60%、醋30%、白酒10%配成糖醋诱杀母液,使用时加入1杯,再加入适量农药,于成虫期菜地内放置,有较好的诱杀效果。用95%敌百虫晶体150克,加水1.0~1.5升,再拌入铡碎的鲜草9千克或碾碎炒香的棉籽饼15千克,作为毒饵,傍晚撒在幼苗旁边诱杀。在幼虫3龄前,可选用90%敌百虫晶体1000倍液,或2.5%溴氰菊酯3000倍液,或50%辛硫磷乳油800倍液及时喷药防治。虫龄较大时,可用80%敌敌畏乳剂,或用50%二嗪农乳剂1000~1500倍液灌根。

6. 二条叶甲

又叫二条黄叶甲、二黑条叶甲。俗称地蹦子。主要危害大豆苗期。

【症状】成虫为害大豆,子叶背面被吃成浅坑,真叶被吃成许多圆形小孔洞,影响大豆幼苗生长。成株期除为害叶片,还为害花的雌蕊,造成花过早脱落,减少结荚,咬食青荚皮和嫩茎成黑褐色洼坑。幼虫在土中为害根瘤,食后仅剩空壳。

【发生规律】1年发生3~4代。成虫为黄色小甲虫,体长3~4毫米,前翅中央各有一条黑色条纹,成虫善跳跃,受惊动时跌落地面不动。二条叶甲多以成虫在土中越冬,我省越冬成虫于4月上中旬开始出土活动,4月下旬至5月下旬为害春大豆幼苗,6月份为害夏大豆幼苗。大豆苗期干旱一般发生比较重。

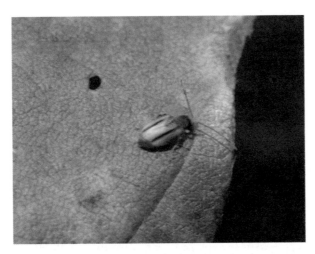

图10-12　二条叶甲

【防治】在大豆苗期如发现子叶被啃食危害,真叶有小圆孔,应及时检查虫情,并及时防治。①喷粉。用2.5%敌百虫粉或1.5%甲基对硫磷粉剂每公顷23～30千克均匀喷撒。②用25%功夫乳油或20%灭扫利乳油每公顷375～450毫升,或35%伏杀磷乳油每公顷1 500～2 250毫升,对水稀释喷雾。也可用50%杀螟松乳油或98%敌百虫晶体1 000倍液喷雾。③大豆种衣剂包衣。按大豆种子重量的1.0%～1.5%拌种包衣,也可有效防治二条叶甲及其他苗期害虫。

7. 东北大黑鳃金龟

东北大黑鳃金龟又称大黑金龟子、蛴螬。

【症状】成虫喜食大豆叶片,幼虫多在大豆苗期咬食大豆根、茎部,其深度多在5厘米以下,一头幼虫可连续咬断或咬伤数株幼苗,造成缺苗。

【防治】①农业防治。深翻耙茬,通过深翻把幼虫、成虫翻至地表,使其晒死或被天敌捕食,或人工捡拾,都可减轻危害。②药剂防治成虫。在成虫发生盛期用50%对硫磷乳油2 000倍稀释液;50%马拉硫磷乳油或50%辛硫磷乳油1 000～2 000倍稀释液;90%敌百虫晶体800～1 000倍稀释液喷雾,用乙敌粉剂(1%乙基对硫磷+3%敌百虫粉)每公顷15～23千

图 10-13 东北大黑鳃金龟

克,或2.5%敌百虫粉剂每公顷15～25千克喷粉。③药剂防治幼虫。由于幼虫是在耕层10厘米内咬食幼苗根部,必须在播种前施药才能达到防治目的,否则一旦发生危害,很难进行防治。防治要在挖土调查越冬基数的基础上进行,根据田间幼虫密度,进行土壤施药。耕翻地前施药:在新翻前,每公顷用40%甲基异硫磷乳油1.5～3.0千克,或5%辛硫磷,或5%倍硫磷每公顷30～38千克,拌细土或煤灰渣颗粒200千克,制成毒土或毒颗粒,均匀撒于土表,随即耕翻,此法防效好,但用药量较大。播种前施药:用3%呋喃丹每公顷23～30千克,混入地筛细土或煤灰渣颗粒约500千克配成毒土或毒颗粒,均匀施入播种沟内,然后覆土播种,毒土或毒颗粒要和种子隔离以防产生药害。种衣剂拌种:大豆种衣剂与种子按1:60比例拌匀后播种。50%辛硫磷拌种:药量为种子重量的0.25%,即药2.5千克,对水10千克,喷洒到1000千克大豆种子上,边喷边拌,拌匀后闷种4小时,阴干后播种。药液灌根:苗后幼虫危害大豆地块,用90%敌百虫晶体,或50%对硫磷乳油,或30%～40%乙酸甲胺磷乳油,或80%敌敌畏乳油稀释1000倍液灌根。

8. 大豆食心虫

【形态特征】大豆食心虫,又名小红虫,属鳞翅目卷蛾科。成虫体长5～6毫米,黄褐色至暗褐色,前翅暗褐色。沿前缘有10条左右黑紫色短斜纹,其周围有明显的黄色区。卵椭圆形,稍扁平,略有光泽,初产乳白色,孵化前橙黄色,表面可见一半圆形红带。老熟幼虫体长8.1~10.2毫米。幼虫圆筒形,初孵幼虫黄白色,渐变为橙黄色,老熟时变为红色,头及前胸背板黄褐色。3龄幼虫体背均有点刻。蛹黄褐色,纺锤形。蛹藏在由幼虫吐丝制成的筒形土茧内,茧一端较粗。

【症状】大豆食心虫以幼虫钻蛀豆荚食害豆粒,将豆粒咬成沟道或残破状,严重影响大豆产量和品质。

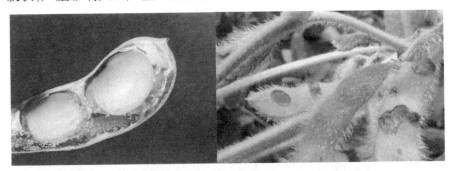

图10-14　大豆食心虫

【发生规律】大豆食心虫1年发生1代,以老熟幼虫在土内做茧越冬。翌年7月下旬破茧而出,爬到地表重新结茧化蛹。成虫在8月羽化,产卵于嫩荚上。卵期7天左右。幼虫孵化后即蛀入豆荚内食害豆粒,可在荚内生活20~30天,至豆荚成熟时脱荚入土做茧越冬。成虫产卵最适宜温度为20~25℃,相对湿度为95%。

【防治】①农业防治。选用豆荚毛少、早熟的大豆品种,及时秋翻秋耙,杀伤越冬虫源。②黑光灯诱杀成虫。③成虫盛期每亩释放2万~3万头螟黄赤眼蜂。④化学防治。在大豆食心虫成虫盛期每亩用80%敌敌畏乳油100~150毫升,取高粱秆或玉米秆切成20厘米长,一端去皮插在药液中,吸足药液制成药棒,将药棒未浸药的一端插在大豆田内,每5垄插一行,棒距4~5米,亩插40~50棒,因敌敌畏对高粱有药害,距高粱20米以内的豆田不能施用;在幼虫孵化盛期可用10%氯氰菊酯乳油1 500~

2 000倍液,或50%辛硫磷乳油1 000倍液,或20%杀灭菊酯2 000倍液,或4.5%高效氯氰菊酯1 500倍液喷雾防治,或1.8%虫螨克乳油2 000～3 000倍液进行喷雾防治。

9. 大豆斜纹夜蛾

【形态特征】大豆斜纹夜蛾属昆虫纲鳞翅目夜蛾科。各地都有发生。幼虫取食大豆等近300种植物的叶片,间歇性猖獗危害。成虫体长14～21毫米,翅展37～42毫米,褐色,前翅具许多斑纹,中间有一条灰白色宽阔的斜纹,故名。后翅白色,外缘暗褐色。老熟幼虫体长38～51毫米。夏秋虫口密度大时体瘦,黑褐色或暗褐色;冬春数量少时体肥,淡黄绿色或淡灰绿色。蛹长18～20毫米,长卵形,红褐色至黑褐色。腹末具发达的臀棘1对。

图10-15　大豆斜纹夜蛾

【发生规律】以蛹在土中蛹室内越冬,少数以老熟幼虫在土缝、枯叶、杂草中越冬。发育最适温度为28～30℃,不耐低温,长江以北地区大都不能越冬。可长距离迁飞。成虫具趋光和趋化性。卵多产于叶片背面。幼虫共6龄,有假死性。4龄后进入暴食期,猖獗时可吃尽大面积寄主植物叶片,并迁徙他处危害。

【防治】主要用糖醋或发酵物加毒药诱杀成虫;在幼虫进入暴食期前的点片发生阶段,喷施敌百虫、马拉硫磷、杀螟松、辛硫磷、乙酰甲胺磷等农药;应用多角体病毒消灭幼虫等。

10. 大豆甜菜夜蛾

【形态特征】成虫体长10～14毫米,翅展25～34毫米。体灰褐色。前翅中央近前缘外方有肾形斑1个,内方有圆形斑1个。后翅银白色。卵圆馒头形,白色,表面有放射状的隆起线。幼虫体长约22毫米。体色变化很大,有绿色、暗绿色至黑褐色。腹部体侧气门下线为明显的黄白色纵带,有的带为粉红色,带的末端直达腹部末端,不弯到臀足上去。蛹体长10毫米左右,黄褐色。

【症状】以幼虫为害,严重时叶片大部分或全部被吃尽,仅余叶脉和叶柄。

图10-16　大豆甜菜夜蛾

【生活习性】在黄淮海夏大豆区一般1年发生5代。成虫昼伏夜出,趋光性强而趋化性弱。卵成块状,产于叶片的背面,外覆白色绒毛。幼虫四龄以后食量大增,昼伏夜出,有假死性。老熟幼虫入土吐丝筑室化蛹。

【防治】①加强田间管理,人工抹卵、清除杂草,及时集中沤肥,以减少虫源。②利用黑光灯等诱杀成虫,同时还可诱杀其他害虫,如蝼蛄、棉铃虫、地老虎、斜纹夜蛾等。③药剂防治。在卵始盛期,可采用米满、除尽、虫螨克或苦参碱加上辛硫磷等高效药剂进行叶面喷雾。病虫害严重的田块还可以采用叶面喷雾加上地面撒施毒饵的办法。施药时药液中

加入消抗液、中性洗衣粉、柴油等能明显提高防效。最好在早晨或傍晚施药,要注意不同毒理机制农药的交替轮换使用,避免多次连用菊酯或有机磷农药。

11.大豆卷叶螟

【形态特征】大豆卷叶螟,别名豇豆螟、豆卷叶螟、大豆螟蛾,属鳞翅目螟蛾科。成虫体长约13毫米,翅展24～26毫米,暗黄褐色。前翅中央有2个白色透明斑,后翅白色半透明,内侧有暗棕色波状纹。卵0.6毫米×0.4毫米,扁平,椭圆形,淡绿色,表面具有六角形网状纹。末龄幼虫体长18毫米,体黄绿色,头部及前胸背板褐色,中、后胸背板上有黑褐色毛片6个,前列4个,各具2根刚毛,后列2个无刚毛;腹部各节背面具同样毛片6个,但各自只生1根刚毛。蛹长13毫米,黄褐色。头顶突出,复眼红褐色。羽化前在褐色翅芽上能见到成虫前翅的透明斑。

【症状】幼虫为害豆叶、花及豆荚,常卷叶为害,后期蛀入荚内取食幼嫩的种粒,荚内及蛀孔外堆积粪粒。受害豆荚味苦,不堪食用。

图10-17　大豆卷叶螟

【发生规律】以蛹在土中越冬,每年6—10月份为幼虫危害期,成虫有趋光性。卵散产于嫩荚、花蕾和叶柄上,卵期为2～3天,幼虫共5龄,初孵幼虫蛀入嫩荚或花蕾取食,造成蕾、荚脱落;3龄后蛀入荚内食豆粒,每荚1头幼虫,多有2～3头,被害荚在雨后常腐烂,幼虫期8～10天,老熟幼虫在叶背主脉两侧作茧化蛹,亦可吐丝下落土表或在落叶中结茧化蛹,蛹期4~10天。大豆卷叶螟对温度的适应范围广,但最适宜的温度是28℃,相对湿度为80%~85%。

【防治】①及时清理落花和落荚,并摘去被害的卷叶和豆荚,减少虫源。②在豆田设黑光灯,诱杀成虫。③药剂防治。采用20%三唑磷700倍液或40%灭虫清对水喷施;从现蕾开始,每隔10天喷蕾一次,可控制为害,如需兼治其他害虫,则应全面喷药。

12. 豆天蛾

【形态特征】豆天蛾又叫豆虫,成虫体长40~50毫米,体和前翅均为黄褐色,前翅狭长,翅顶有一暗褐色三角斑纹,外缘有6条波浪纹,前缘中央有一淡褐色半圆形斑。卵椭圆形,孵前为褐色。老熟幼虫黄绿色,自腹部第一节起两侧有7对向背部倾斜的淡黄色纹,呈一串倒"八"字形,尾部有黄绿色突起的尾角1个。蛹纺锤形,红褐色,头部口器略呈钩状。

【症状】豆天蛾以幼虫为害大豆叶片,轻则吃成网孔状,重者将豆株吃成光秆,不能结荚,影响产量,甚至颗粒无收。

图10-18　豆天蛾

【发生规律】豆天蛾每年发生1~2代,以末龄幼虫在土中9~12厘米深处越冬。翌年春暖,幼虫上升土表做土室化蛹。成虫昼伏夜出,飞翔力强,对黑光灯有较强趋性。幼虫共5龄,初孵化幼虫有背光性,白天潜伏于叶背。3~4龄幼虫食量大增,转株为害,此期是防治关键时期。5龄是暴食阶段。9月后老熟幼虫入土越冬。天气干旱或多雨均不利于豆天蛾发生。如6—8月份雨水协调,则发生较重。一般生长茂密,低洼肥沃的土豆田,产卵量多,为害重。茎秆柔软,蛋白质含量高的品种也受害重,早播豆田比晚播田受害重。豆天蛾的天敌有赤眼蜂、寄生蝇、草蛉、瓢虫等。

【防治】①诱杀成虫。设黑光灯诱杀,可减少发生量。②药剂防治。当百株有虫5~10头,即应开始防治。在幼虫1~3龄期,可用1.8%虫螨克乳油1 000倍液,或40%马拉硫磷乳油1 000倍液,或20%杀灭菊酯乳油2 000倍液,或2.5%溴氰菊酯乳油2 000倍液,每亩40千克喷雾。也可用苏云金杆菌制剂(含活孢子100亿个/克)稀释800倍喷雾。

13. 大豆造桥虫

【形态特征】大豆造桥虫俗称豆青虫、步曲豆、大豆夜蛾、豆尺蠖等。主要有银纹夜蛾、大豆小夜蛾和云纹夜蛾三种。幼虫爬行时虫体似拱桥状伸屈前进,故称造桥虫。

【症状】大豆造桥虫以幼虫为害豆叶,食害嫩尖、花器和幼荚,可吃光叶片造成落花、落荚,籽粒不饱满,严重影响产量。

图10-19　大豆造桥虫

【发生规律】①银纹夜蛾:1年发生3代。第一代幼虫6月中旬至7月中旬为害春大豆和早播夏大豆,以7月上中旬为害最盛。2、3代幼虫分别于8月上旬、中旬及9月上旬、中旬为害夏大豆,其中以2代发生面积大,为害重。成虫有趋光性,日伏夜出。卵散产在大豆上部叶片背面,卵3~6天孵化。幼虫5龄,初孵幼虫多藏在叶背,早、晚取食为害,并可吐丝下垂转移他株。3龄后食量增大,4、5龄为暴食期。幼虫老熟后在叶背结茧化蛹。发育适温25~27℃,湿度低于60%则不适于成虫产卵及低龄幼虫成活。降雨过多、湿度太大也不利于发生。②大豆小夜蛾:1年发生3代。第一代幼虫于6月中旬至7月中旬为害;第二代于7月下旬至8月中旬为害;第三代于8月下旬至9月中下旬为害,以第二代为害最重。幼虫比较活泼,一经触动即跳跃落地或转移他株。老熟幼虫在豆株附近土中化蛹。适宜温度21~28℃,低于20℃时成虫不产卵,暴风雨不利其发生。一般早播田或生长茂密的豆田产卵多,为害重,净种豆田比间种发生重,寄主蜂、白僵菌等天敌数量多寡会影响其发生量。③云纹夜蛾:1年发生3代。第一代幼虫7月间为害春大豆及麦茬豆;第二代8月中旬至9月上旬发生;第三代9月中旬至10月初为害。2、3代均为害夏大豆。幼虫行动迟钝,其发生为害比前两者轻。

【防治】可用25%快杀灵乳油1 500倍液,或4.5%高效氯氰菊酯1 500倍液,或1.8%虫螨克乳油1 000倍液,或40.7%乐斯本乳油1 000倍液,或20%杀灭菊酯乳油,或2.5%溴氰菊酯乳油2 000倍液,每亩40千克喷雾;也可用苏云金杆菌制剂(含活孢子100亿个/克)稀释800倍喷雾,或用青虫菊或杀螟杆菌(每克含100亿个孢子)1 000~1 500倍液喷雾,每亩用菌液40~50千克。

14. 豆芫菁

【形成特征】豆芫菁又叫白条芫菁,属鞘翅目芫菁科。成虫体长15~19毫米,头部红色,似三角形,胸腹及鞘翅黑色,雌虫触角丝状,雄虫触角3~7节扁平,向外侧强烈扩展,呈锯齿状。前胸背板和鞘翅各有一黄白色纵条。卵圆筒形,上粗下细,孵化前为黄白色,表面光滑。幼虫共6龄。1龄幼虫似双尾虫,深褐色,2~4龄及6龄为乳黄色,似蛴螬,5龄幼虫似象甲幼虫（伪蛹），呈休眠态，乳黄色。蛹长15毫米，黄白色，前胸、背板侧缘及后缘各生有长刺9根。

【症状】以成虫为害寄主叶片，尤喜食幼嫩部位。将叶片咬成孔洞状或缺刻，甚至吃光，只剩网状叶脉。也为害嫩茎及花瓣，有的还吃豆粒，使其不能结实，对产量影响较大。幼虫以蝗虫卵为食，是蝗虫的天敌。

图10-20　豆芫菁

【发生规律】每年发生1～2代，均以5龄幼虫（伪蛹）在土中越冬，第二年春季脱皮或成6龄幼虫然后化蛹。东北、华北等一代区，6月中旬越冬幼虫开始化蛹。成虫为害期在6月下旬至8月中旬。产卵盛期为6月下旬至7月下旬。卵主要产在大豆及豆科作物上。7月中下旬出现幼虫。成虫白天取食，群集为害。1头成虫一天可食害4～6个叶片，群体大时很快将全株叶片吃光。成虫受惊后，立即堕落并从腿节分泌出黄色液体，接触人体皮肤，能引起红肿发泡。

【防治】①农业防治。发生较重的豆田要进行秋季深翻以杀伤越冬虫。②化学防治。用1.5%甲基对硫磷粉剂，或2%杀螟松粉剂，每亩施2～2.5千克。喷雾用20%杀灭菊酯乳油，或2.5%溴氰菊酯2 000～2 500倍液，每亩用药液75千克。

15. 大豆胞囊线虫病

【病原】该病又称大豆根线虫病、萎黄线虫病。俗称"火龙秧子"。病原为大豆胞囊线虫,属垫刃目异皮科胞囊线虫属。

【症状】苗期染病,病株子叶和真叶变黄、生育停滞、枯萎。被害植株矮小、花芽簇生、节间短缩,开花期延迟,不能结荚或结荚少,叶片黄化。重病株花及嫩荚枯萎、整株叶由下向上枯黄似火烧状。根系染病,被寄生主根一侧鼓包或破裂,露出白色亮晶微小如面粉粒的胞囊,被害根很少或不结瘤,由于胞囊撑破根皮,根液外渗,致次生土传根病加重或造成根腐。

图 10-2　大豆胞囊线虫病

【发生规律】该线虫是一种定居型内寄生线虫,以2龄幼虫在土中活动,寻根尖侵入。幼虫发育适温17～28℃,幼虫侵入温度14～36℃,以18～25℃最适,低于10℃停止活动。土壤内线虫量大,是发病和流行的主要因素。

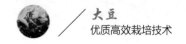

【防治】①选用抗病品种,目前生产上已推广有抗线虫和较耐品种。②合理轮作,病田种玉米或水稻后,孢囊量下降30%以上,是行之有效的农业防治措施,此外要避免连作、重茬,做到合理轮作。③药剂防治提倡施用甲基异柳磷水溶性颗粒剂,每亩300～400克有效成分,于播种时撒在沟内,湿土效果好于干土,中性土比碱性土效果好,要求用器械施,不可用手施,更不能溶于水后用手沾药施。此外,也可用3%克线磷5千克拌土后穴施,效果明显。虫量较大地块用3%呋喃丹颗粒剂每亩施2～4千克,或5%甲拌磷颗粒剂8千克,或10%涕灭威颗粒剂2.5～5千克。也可用98%棉隆5～10千克或D–D混剂40千克。后两种药剂须在播前15～20天沟施,前几种颗粒剂与种子分层施用即可。

三　主要草害及其防治

1. 杂草特点

大豆田杂草对大豆产量影响明显,可使大豆减产10%～20%。由于气候条件、种植方式、耕作制度和栽培措施的影响,形成大豆田类型繁多的杂草种群。

黄淮海夏大豆田杂草种类很多,其优势草种群为马唐、牛筋草、藜、狗尾草、反枝苋、鲤肠、铁苋菜、稗草、马齿苋、龙葵、苍耳、小蓟、香附子等十多种。这些杂草的发生高峰期在6月中下旬,生长旺盛期在7月份。大豆此期正处于幼苗期,根系小,长势弱,而杂草此期密度较大,长势旺,加之这一阶段雨水较多,所以杂草往往会盖住作物幼苗,形成草荒,严重影响作物幼苗的生长发育,减产幅度一般在20%～30%,个别草荒严重的地块甚至颗粒无收。

2. 化学防除

以禾本科杂草为主的地块,在大豆播前可选用氟乐灵、卫农(灭草猛)、地乐胺等;播后苗前可用都尔、乙草胺等;苗后可用拿捕净、精稳杀得、精禾草克、高效盖草能、精噁唑禾草灵(威霸)等。以阔叶杂草为主的地块,在播前和播后苗期前可用茅毒、赛克津等,播后苗前也可用2,4-滴丁酯;苗后可选用苯达松、杂草焚、虎威、克阔乐、阔叶散等。在禾本科杂草和阔叶杂草混生的地块,播前可以氟乐灵、灭草猛分别与茅毒、赛克净混用;播后苗前可以都尔、乙草胺、拉索分别与茅毒、广灭灵、普施特、赛克津及2,4-滴丁酯混用;苗后可以苯达松、杂草焚、虎威等分别与精稳杀得、拿捕净、精禾草克、高效盖草能、禾草灵混用。也可播前用氟乐灵、灭草猛、地乐胺或播后苗前用都尔、乙草胺、拉索,苗后配合用苯达松、虎威等。所有药剂施用基本采取喷雾法。喷液量根据施药器械确定,人工背负式喷雾器,喷洒用量为300~500升/公顷,拖拉机牵引喷雾机,喷洒用量为200升/公顷,飞机喷施用量为30~50升/公顷。

(1)土壤处理。播种前用药液喷雾土表,施药后进行浅混土。可用48%氟乐灵乳油,大豆播前5~7天施用,每亩60~150毫升;72%都尔乳剂,每亩100~120毫升;48%地乐胺乳油,每亩150~375毫升。可防除大部分禾本科和阔叶杂草。

(2)播后苗前施药。土壤墒情好时可采取土壤封闭处理,春季干旱区提倡苗后除草。在大豆播后出苗前,对土壤进行封闭处理。每公顷用50%乙草胺乳油2 500~3 000毫升(或90%禾耐斯1 560~2 200毫升)加70%赛克津可湿性粉剂300~600克,或加48%广灭灵乳油800~1 000毫升,或加75%广灭灵粉剂15~25克,或用72%都尔乳油每公顷1 500~3 000毫升,对水200千克土壤喷雾。

(3)茎叶处理。在大豆出苗后,杂草2~4叶期进行。防除禾本科杂草,每公顷用5%精禾草克乳油900~1 500毫升,或用15%精稳杀得乳油750~1 000毫升,或用10.8%高效盖草能乳油450毫升,或用6.9%威霸浓乳剂750~900毫升,或用12.5%拿扑净乳油1 250~1 500毫升,对水200千克喷雾。防除阔叶杂草,每公顷用25%氟磺胺草醚1 000~1 500毫升,或用24%杂草焚水剂1 000~1 500毫升,对水200千克。

(4)注意事项。①可应用于防除大豆田的除草剂品种较多,关键是

根据当地大豆杂草发生的种类,选择对路的品种,掌握施药适期,把杂草控制在萌芽或3~5叶之前。②除草剂的施用技术要求较严,根据当地土壤湿度、土质选用适当用药量,严格控制施药量的同时,必须掌握好喷液量,加水兑药要混匀、喷雾要均匀。土壤墒情较好时,每亩喷液量不能少于400千克;土壤墒情差时,喷液量不能少于60千克。③地面封闭施药后不要在地里乱踩,施药后45天内不要中耕,以免破坏药土层。施药时要注意风向,不要让药液飘入敏感作物田间,以免产生药害。

（四）大豆病虫草害的综合防治

综合防治就是从生态系统总体角度出发,根据大豆生育期间的主要病虫草害发生危害情况进行全面治理,治理工作依照"预防为主,综合防治"的植保方针,首先应全面掌握本地区大豆病虫草害种类及其发生、消长、危害规律,对主要的病害、虫害、草害,依据较准确的预测预报为防治前提,以农业防治为基础,强化农业技术措施,合理运用化学防治、生物防治、物理防治诸项技术措施,达到主次兼顾、病虫草害兼治,经济、安全有效地防治病虫草害的目的。遵照综防策略思想,在多年大豆病虫草害防治实践基础上,制定大豆主要病虫草害的综合防治技术体系,其中包括农业技术、种子处理、测报调查、土壤施药处理、田间药剂防治、生物防治、物理防治等单项措施。

1. 合理轮作换茬

对土传病害(大豆根腐病)和以病残体越冬为主的病害(灰斑病、褐纹病、轮纹病、细菌斑点病等)以及在土中越冬的害虫(大豆根潜蝇、二条叶甲、蓟马等),通过3年轮作即可减轻危害。严禁重茬迎茬。对发生大豆胞囊线虫病的地块,应行5年以上轮作方可减轻病情。有条件的地区如能采取水旱轮作防效最好,也可5年内只种禾本科作物、油菜等,对食心虫发生重的地块,也要进行轮作,但应注意当年种植的大豆地块要远离上年豆茬地至少1 000米,尤其要注意邻近的豆茬地是否远离

1 000米。

2. 清除病株残体

大豆收割后应清除田间病株残体,并及早翻地,将病残体深埋地下,以加速病原菌消亡,减轻病情,对在土壤中越冬的害虫,通过耕翻将害虫翻到土表,经过耙、压、机械损伤,加之日晒、风吹、雨淋、天敌食取,可大大增加害虫的死亡率,有效减轻第二年害虫的发生与危害。

3. 严格调种检验,选用抗病虫品种

结合本地区自然条件及病虫害种类,选用高产抗病虫品种。选择无病地块或无病株及虫粒率低的留种。外地调种时,首先要掌握产地的病虫害情况,严格检验有无检疫对象。凡是种子中混杂有菟丝子、菌核等,严禁调入或调出作种,尽可能避免从胞囊线虫病较重地区引调种子(因混杂有土块的种子可能带有胞囊线虫),稍不注意,后患无穷。

4. 加强栽培管理

(1)播种。播种过早或播种过深可加重根腐病发生,应考虑适期晚播,注意墒情,湿度大时,宁可稍晚播而不能顶湿强播,不要在排水不良的低洼地种大豆。根据品种特点,合理密植。播种深度一般掌握在4~5厘米,如使用播后苗前除草剂时,可适当调整播种深度,过浅易造成药害,但又不能过深。

(2)施肥。增施有机肥料,合理施用化肥,氮、磷、钾配用比例要适当,以提高大豆抗病能力,使大豆整个生育期间均能健壮发育。避免单纯过多施用氮肥,防止贪青徒长、倒伏以及晚熟。

(3)中耕除草。中耕至少要进行两次,大豆根腐病重的地块根据苗情及早进行,改善土壤通透性,提高地温,促使新生根大量形成。对连作大豆地,一定要在7月下旬至8月上、中旬中耕培土1次,可以堵塞食心虫羽化孔,使成虫不能出土或减少其出土量或机械杀伤大量的幼虫、蛹、成虫,减轻虫食率。每次中耕前要全面掌握豆田草情、病情、虫情,用以确定配装必要的复式作业。一是及时中耕除草,拔除菟丝子。二是化学除

草。可根据当地实际选用适当药剂及使用剂量。此外,根据大豆生育期间的实际情况,可采取较灵活的辅助措施,如遇连雨年份就要加强排涝、注意草情,后期出现大草尚需人工拔除。

5. 化学防治

(1)种子药剂处理。通过药剂拌种,推迟病、虫的侵染危害,保主根、保幼苗。①对大豆根腐病发生较重地区,可选用40%乐果,或氧化乐果乳油,或35%甲基硫环磷,或35%乙基硫环磷乳油,按种子重0.5%播前3～6天湿拌种。②大豆根潜蝇发生较重地区,可选用40%乐果,或氧化乐果乳油,或35%甲基硫环磷,或35%乙基硫环磷乳油,按种子重0.5%播前3～6天湿拌种。③对二条叶甲重发生地区,可采用40%乐果乳油,按种子重0.5%拌种,拌种3～5天,即应播种,以免影响保苗。

(2)生育期间药剂防治。①前期保苗。当田间蚜虫、蓟马等刺吸式口器害虫发生达到防治指标,每亩可用40%乐果或40%氧化乐果乳油50～100毫升对水喷雾;防治二条叶甲、圆跳虫、黑绒金龟壳甲等害虫,每亩可用拟除虫菊酯类药剂30～50毫升对水喷雾;一旦发现地老虎开始危害幼苗,可制成毒饵诱杀,将90%敌百虫晶体50克用5千克热水溶解,再与炒香饼粉混拌均匀,傍晚用机械或人工撒施于豆田垄沟内,亩用豆饼毒饵1.5～2.5千克。②中期保叶(茎花)。防治蚜虫、豆黄蓟马、红蜘蛛等刺吸式口器害虫所用药剂与苗期相同。防治蛾类幼虫,每亩用90%敌百虫晶体或80%敌敌畏乳油50～75毫升对水喷雾。防治大豆灰斑病、褐纹病,每亩用50%多菌灵可湿性粉剂或50%甲基托布津可湿性粉剂100克对水喷雾。防治大豆霜霉病,每亩可用80%三乙磷酸铝可湿性粉剂100～150克或25%瑞毒霉可湿性粉剂100～125克对水喷雾。田间发现有大豆菟丝子,可用48%地乐胺乳油150～200倍液喷雾,并注意清除。③后期保叶或荚、粒。防治大豆食心虫,根据测报,准确防治,一般以在成虫发生盛期及幼虫孵化盛期前施药为宜,每亩可用2.4%溴氰菊酯(敌杀死)乳油40毫升,亦可用5%来福灵乳油20毫升或2.5%功夫乳油30毫升对水喷雾。

五 大豆缺素症

大豆因缺乏营养元素导致不能正常生长发育。由于营养元素各自的生理功能不同,所表现的症状也不相同,例如有的缺素症状首先在新组织上出现,有的却在较老的组织上表现;有的缺素症状失绿发黄较为均一,有的仅叶脉间失绿,呈现清晰的脉斑;有的缺素症状常有各种色泽的斑点,有的甚至出现组织坏死,有的叶片柔软披散,有的窄小、僵直。

(1)缺氮、磷、钾的大豆:大豆苗期缺氮时,叶片黄绿;缺磷时,叶色暗绿;缺钾时,叶片尖端和叶缘发黄,叶色蓝绿。缺素植物生长受到抑制,比正常矮小。

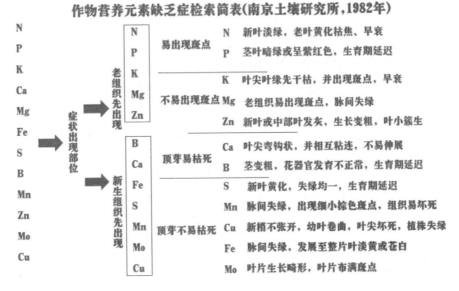

作物营养元素缺乏症检索简表(南京土壤研究所,1982年)

(2)缺钙、镁、硫的大豆:大豆缺钙,植株矮小,叶片软弱,尖端焦枯;大豆缺镁,叶片下披,脉间失绿,老叶由边缘开始发黄;大豆缺硫,上部叶片变淡,新叶黄化。

六　无人机药剂配制方法

1. 剂型

以喷雾方式进行作业,药液稀释度较低,应首先选用水基化剂型,如悬浮剂、微乳剂、水乳剂、乳油、水剂等。

2. 农药混配方法

(1)根据产品说明以及病、虫、草害的严重程度,确定药剂每亩使用量。

(2)根据作物高度、密度以及病、虫、草害防治的要求,确定每亩药液(混好后)的使用量。

(3)假设地块面积为100亩,每亩药液使用量为800毫升,药剂 A 的每亩使用量为50克,药剂 B 的每亩使用量为60克,则:

药剂 A 的使用量=50g/亩 × 100亩=5 000克;

药剂 B 的使用量=60g/亩 × 100亩=6 000克;

需要的药液量=800毫升/亩 × 100亩=80 000毫升;

需加入水量=需要的药液量−(药剂 A 的使用量+药剂 B 的使用量)=

80 000毫升−(5 000毫升+6 000毫升)=69 000毫升

(单位克可当作毫升来近似处理)。

总用水量与田块形状(是否需要手动补喷)、飞手操作情况等都有关系,一般需要有余量。

3. 配药步骤

采用"二次稀释法"配药。先用一个小桶,加入少量水,将药剂 A 混合均匀,将其倒入已经装有一半水的大桶中,搅拌;药剂 B 同法混合。最后向大桶中补足水量,一边加水一边搅拌,充分混匀。

4. 药剂加入顺序

叶面肥、水分散粒剂、悬浮剂、微乳剂、水乳剂、水剂、乳油依次加入。药液必须充分混匀,尽量避免使用可湿性粉剂和不易溶解的叶面肥等。

七 农药科学安全使用技术要点

农药是有毒的农业投入品,使用不当不但影响药效,同时能对作物产生药害,或引起人畜中毒和环境污染。为科学安全使用农药,避免中毒事故发生,现将有关农药安全、科学使用技术简介如下:

1. 合理选药

(1)根据防治对象选择对路药剂。

(2)优先选用高效、低毒、低残留农药,优先选用生物农药,坚决不用国家明令禁止农药。

(3)选用水乳剂、微乳剂、悬浮剂、水溶性粒剂等环保剂型产品。

2. 安全配制

(1)用准药量。根据农药标签上推荐的用药量使用,不随意混配农药,或任意加大用药量。

(2)采用"二次法"稀释农药。水稀释的农药:先用少量水将农药稀释成"母液",再将"母液"稀释至所需要的浓度;拌土、沙等撒施的农药:应先用少量稀释载体(细土、细沙、固体肥料等)将农药制剂均匀稀释成"母粉",然后再稀释至所需要的用量。

(3)注意配药安全。配制农药应远离住宅区、牲畜栏和水源地;药剂要随配随用;开装后余下的农药应封闭在原包装中安全贮存;不能用瓶盖量取农药或用装饮用水的桶配药;不能用手或胳臂伸入药液、粉剂或颗粒剂中搅拌。

3. 科学使用

(1)适期用药。根据病虫发生期及农药作用特点,在防治适期内使用。

(2)用足水量。一些农民朋友在使用农药时,为减少工作量,往往多加药少用水,用药不均匀,防效差,并且增强病菌、害虫的耐药性,超过安

全浓度还会发生药害。

（3）选择性能良好的施药器械。应选择正规厂家生产的施药器械，定期更换磨损的喷头。

（4）注意轮换用药，抑制抗药性。

（5）添加高效助剂：如植物油助剂和有机硅助剂，可有效提高药效，减少化学农药用量。

（6）严格遵守安全间隔期规定。农药安全间隔期是指最后一次施药到作物采收时的天数，即收获前禁止使用农药的天数。在实际生产中，从最后一次喷药到作物（产品）收获的时间应比农药标签上规定的安全间隔期长。为保证农产品残留不超标，在安全间隔期内不能采收。

4. 安全防护

（1）施药人员应身体健康，经过培训，具备一定植保知识。年老、体弱人员，儿童及孕期、哺乳期妇女不能施药。

（2）施药前检查施药器械是否完好，施药时喷雾器中的药液不要装得太满。

（3）要穿戴防护用品，如手套、口罩、防护服等，防止农药进入眼睛、接触皮肤或被吸入体内。

（4）要注意施药时的安全。下雨、大风、高温天气时不要施药，高温季节下午5时后温度下降时施药，以免影响效果和安全；要始终处于上风位置施药，不要逆风施药；施药期间严禁进食、饮水、吸烟；不要用嘴去吹堵塞的喷头。

（5）要掌握中毒急救知识。如农药溅入眼睛内或皮肤上，及时用大量清水冲洗；如出现头痛、恶心、呕吐等中毒症状，应立即停止作业，脱掉污染衣服，携农药标签到最近的医院就诊。

（6）要正确清洗施药器械。施药器械每次用后要洗净，不要在河流、小溪、井边冲洗，以免污染水源。

（7）要妥善处理农药包装废弃物。农药包装废弃物严禁作为他用，不能乱丢,要集中存放,妥善处理,要主动将农药包装废弃物交回农药销售者或固定收集点,减轻农药包装废弃物对农田生态环境的影响。

5. 安全贮存

(1)尽量减少贮存量和贮存时间。

(2)贮存在安全、合适的场所,要按农药类别分区存放。农药不要与食品、粮食、饲料靠近或混放,不要和种子一起存放。

(3)贮存的农药包装上应有完整、牢固、清晰的标签。

八 药剂配制查询表

药剂配制查询表

亩用药量/ 毫升或克		对水量					
		15 kg	30 kg	40 kg	45 kg	50 kg	500 kg
稀释倍数	100 倍	150.0	300.0	400.0	450.0	500.0	5 000.0
	200 倍	75.0	150.0	200.0	225.0	250.0	2 500.0
	300 倍	50.0	100.0	133.3	150.0	166.7	1 666.7
	400 倍	37.5	75.0	100.0	112.5	125.0	1 250.0
	500 倍	30.0	60.0	80.0	90.0	100.0	1 000.0
	600 倍	25.0	50.0	66.7	75.0	83.3	833.3
	700 倍	21.4	42.9	57.1	64.3	71.4	714.3
	800 倍	18.8	37.5	50.0	56.3	62.5	625.0
	900 倍	16.7	33.3	44.4	50.0	55.6	555.6
	1 000 倍	15.0	30.0	40.0	45.0	50.0	500.0
	1 500 倍	10.0	20.0	26.7	30.0	33.3	333.3
	2 000 倍	7.5	15.0	20.0	22.5	25.0	250.0
	2 500 倍	6.0	12.0	16.0	18.0	20.0	200.0
	3 000 倍	5.0	10.0	13.3	15.0	16.7	166.7
	4 000 倍	3.8	7.5	10.0	11.3	12.5	125.0
	5 000 倍	3.0	6.0	8.0	10.0	11.1	111.1

例:药剂稀释3 000倍,要配30 kg水,所需药剂量就是10毫升或10克;15 kg水加了6毫升的药剂,它的稀释倍数是2 500倍。

九 大豆常用农药及安全间隔期

农药名称	剂型	常用药量/ 克/(亩·次)或 毫升/(亩·次)	最多使 用次数/次	安全间隔期/ 天
乐果	40% EC	50~100	1	10
抗蚜威	50% WP	10~15	1	10
辛硫磷	50% EC	50~100	3	7
二嗪农	50% EC	75~100	1	10
敌杀死	2.5% EC	12.5~20	1	5
功得乐(高效氯氰菊酯)	2.5% EC	12.5~20	1	7
氟氯氰菊酯	2.5% EC	12.5~20	1	7
杀虫双	18% AS	200~250	3	15
杀虫单	90% WP	35~40	3	15
三唑磷	20% EC	75~100	2	30
吡虫啉	10% WP	15~20	2	20
敌百虫	90%晶体	50~100	3	7
多菌灵	50% EC	75~100	2	20
甲基托布津	70% WP	75~100	2	30
三唑酮(粉锈宁)	15% WP	55~100	2	20
烯唑醇	12.5% WP	30~50	2	20
乙草胺	50% EC	75~100	1	播后苗前用
异丙甲草胺(都尔)	72% EC	100~150	1	播后苗前用
拿捕净	12.5% EC	75~100	1	2~4叶期用
盖草能	12.5% EC	50~75	1	2~4叶期用

注:EC表示乳油;WP表示可湿性粉剂;AS表示水剂。

参 考 文 献

[1] 国家大豆产业技术体系.2016.中国现代农业产业可持续发展战略研究·大豆
分册[M].北京:中国农业出版社.

[2] 张磊,周斌,张丽亚,等.安徽省食用大豆生产与发展解析[J].大豆科技,2013
(4):19-22.

[3] 杜祥备,黄志平,于国宜,等.安徽省大豆产业可持续发展中的问题及对策
[J].农学学报,2019,9(11):78-83.

[4] 中华人民共和国农业农村部.农业农村部关于落实党中央国务院2023年全
面推进乡村振兴重点工作部署的实施意见.农发〔2023〕1号.

[5] 栾健,张斌,胡钰.中国大豆产业的发展态势、政策演进与趋势展望[J].
农业展望,2022,18(8):35-41.

[6] 农小蜂智库.2022年中国大豆产业数据分析简报,2022.

[7] 郁静娴.国家推出一揽子支持政策稳定大豆生产[N].人民日报,2023-03-
22(003).

[8] 张磊.大豆科学栽培[M].合肥:安徽科学技术出版社,2010.

[9] 陈新.豆类蔬菜生产配套技术手册[M].北京:中国农业出版社,2012.

[10] 全国农业技术推广服务中心.2023年黄淮海大豆玉米带状复合种植技术意见
[EB/OL].http://www.moa.gov.cn/gk/nszd_1/2023/202306/t20230607_6429572.
htm.